Duden

Crashkurs Rechnen und Mathematik

Ein Übungsbuch
für Ausbildung und Beruf

Dudenverlag
Mannheim · Leipzig · Wien · Zürich

Bibliografische Information der Deutschen Nationalbibliothek
Die Deutsche Nationalbibliothek verzeichnet diese Publikation in der Deutschen Nationalbibliografie, detaillierte bibliografische Daten sind im Internet über http://dnb.ddb.de abrufbar.

Redaktionelle Leitung Simone Senk
Redaktion Marion Krause
Text Marion Krause, Dirk Steinhauer

Herstellung Tobias Kaase
Layout Horst Bachmann
Umschlaggestaltung Hemm-communication.design, Filderstadt
Satz tiff.any GmbH, Berlin
Druck und Bindung Heenemann GmbH & Co., Berlin
Printed in Germany

ISBN 978-3-411-73371-2

Inhalt

1 Rechnen mit Brüchen und rationalen Zahlen

Brüche darstellen

Brüche bezeichnen **Anteile** an einem Ganzen.
Der **Nenner** unter dem Bruchstrich gibt an, in wie viele **gleich große** Teile das Ganze geteilt wird.

Teilt man ein Ganzes in 2, 3, 4, 5 usw. gleiche Teile, so erhält man

2 Halbe ($\frac{2}{2}$), 3 Drittel ($\frac{3}{3}$), 4 Viertel ($\frac{4}{4}$),

5 Fünftel ($\frac{5}{5}$) usw.

Der **Zähler** über dem Bruchstrich gibt an, wie viele Teile davon vorhanden sind bzw. zusammengefasst werden.

Von $\frac{5}{5}$ werden 3 Anteile betrachtet, das sind dann $\frac{3}{5}$.

Im Nenner darf nie die 0 stehen! Ist der Zähler null, ist der Bruch gleich null.

Bei einem **echten Bruch** ist der Zähler kleiner als der Nenner.
Bei einem **unechten Bruch** ist der Zähler gleich oder größer als der Nenner und damit ein Ganzes oder größer. Einen unechten Bruch kann man als **gemischte Zahl,** d.h. als Summe aus einer ganzen Zahl und einem echten Bruch schreiben. **Jeder** unechte Bruch kann in eine gemischte Zahl umgewandelt werden und umgekehrt.

echte Brüche: $\frac{1}{2}, \frac{2}{3}, \frac{4}{6}, \frac{2}{4}, \frac{4}{8}$

unechte Brüche: $\frac{3}{2}, \frac{4}{3}, \frac{6}{3}, \frac{9}{4}$

gemischte Zahl: $\frac{3}{2} = \frac{2}{2} + \frac{1}{2} = 1\frac{1}{2}$

Das Pluszeichen wird nicht geschrieben.

$1\frac{1}{3} = \frac{4}{3}, \frac{11}{4} = 2\frac{3}{4}$

Dazu gehören auch **Scheinbrüche,** die eine ganze Zahl in Bruchschreibweise darstellen. Der Zähler ist hier ein Vielfaches des Nenners. Die Grundform eines Scheinbruchs hat den Nenner **1.**

Scheinbruch: $\frac{15}{5} = 3$, denn $5 \cdot 3 = 15$;

15 ist das Dreifache von 5.

Grundform: $\frac{15}{5} = \frac{3}{1} = 3$

Echte Brüche werden auf der Zahlengeraden zwischen **0** und **1** angeordnet. Unechte Brüche gehen darüber hinaus.

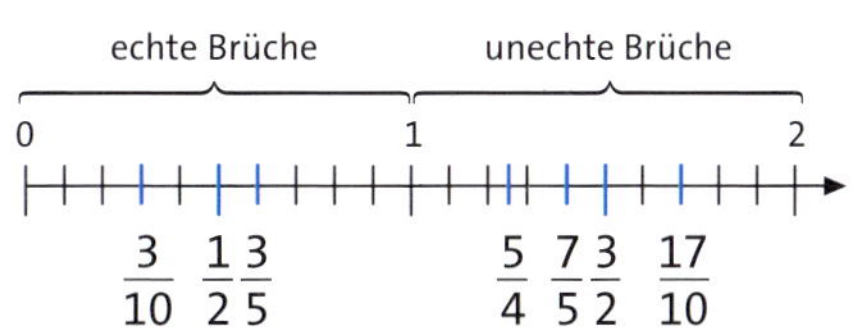

Brüche vergleichen, kürzen, erweitern

Brüche mit gleichem Nenner heißen **gleichnamig.** Brüche mit verschiedenen Nennern heißen **ungleichnamig.**

gleichnamig: $\frac{3}{2}$ und $\frac{1}{2}$

ungleichnamig: $\frac{6}{3}$ und $\frac{1}{2}$

Von zwei Brüchen mit gleichem Zähler ist der mit dem kleineren Nenner größer. Bei gleichem Nenner ist der Bruch mit dem größeren Zähler größer.

$\frac{2}{3} > \frac{2}{4}$

$\frac{5}{6} > \frac{1}{6}$

Ungleichnamige Brüche lassen sich gut **vergleichen,** wenn sie **gleichnamig gemacht** werden, d.h., sie werden auf einen gemeinsamen Nenner erweitert oder gekürzt:

$\frac{4}{15} < \frac{3}{10}$, denn $\frac{4}{15} = \frac{8}{30}$ und $\frac{3}{10} = \frac{9}{30}$ und $\frac{8}{30} < \frac{9}{30}$, da $8 < 9$

Beim **Erweitern** werden Zähler und Nenner mit derselben Zahl multipliziert.

drei Viertel erweitert mit 2:

$\frac{3}{4} = \frac{3 \cdot 2}{4 \cdot 2} = \frac{6}{8}$, also $\frac{3}{4} = \frac{6}{8}$

Beim **Kürzen** werden Zähler und Nenner durch dieselbe Zahl geteilt.

acht Zehntel gekürzt mit 2:

$\frac{8}{10} = \frac{8 : 2}{10 : 2} = \frac{4}{5}$, also $\frac{8}{10} = \frac{4}{5}$

Sind Zähler und Nenner teilerfremd, dann ist ein Bruch **vollständig gekürzt.** Der Bruch hat seine **Grundform.**

$\frac{8}{10} = \frac{4}{5} \rightarrow$ 4 und 5 sind teilerfremd: Sie haben keinen gemeinsamen Teiler.

Brüche addieren und subtrahieren

Nur gleichnamige Brüche können addiert oder subtrahiert werden.

Gleichnamige Brüche **addiert** man, indem man die Zähler addiert und den gemeinsamen Nenner beibehält. Das Ergebnis wird – wenn möglich – gekürzt.

$\frac{3}{8} + \frac{1}{12} = \frac{36}{96} + \frac{8}{96} = \frac{44}{96} = \frac{11}{24}$

Gleichnamige Brüche **subtrahiert** man, indem man die Zähler subtrahiert und den gemeinsamen Nenner beibehält. Das Ergebnis wird – wenn möglich – gekürzt.

$\frac{3}{6} - \frac{2}{6} = \frac{1}{6}$, denn $3 - 2 = 1$

$\frac{7}{20} - \frac{3}{25} = \frac{35}{100} - \frac{12}{100} = \frac{23}{100}$, denn $35 - 12 = 23$

Brüche multiplizieren und dividieren

Beim **Multiplizieren** von Brüchen werden jeweils Zähler mit Zähler und Nenner mit Nenner multipliziert. Das Ergebnis wird – wenn möglich – gekürzt.

$\frac{4}{3} \cdot \frac{6}{5} = \frac{4 \cdot 6}{3 \cdot 5} = \frac{\cancel{24}^{8}}{\cancel{15}_{5}} = \frac{8}{5}$

Den **Kehrwert** (das Reziproke) eines Bruchs erhält man durch Vertauschen von Zähler und Nenner.

$\frac{5}{2}$ ist der Kehrwert von $\frac{2}{5}$.

Beim **Dividieren** eines Bruchs durch einen anderen Bruch wird der erste Bruch mit dem Kehrwert des zweiten Bruchs multipliziert. Das Ergebnis wird – wenn möglich – gekürzt.

$\frac{3}{5} : \frac{4}{7} = \frac{3}{5} \cdot \frac{7}{4} = \frac{3 \cdot 7}{5 \cdot 4} = \frac{21}{20}$

Dezimalbrüche darstellen

Der **Bruchstrich** eines Bruchs kann mit einem Geteiltzeichen (:) gleichgesetzt werden. Dadurch ist jeder Bruch der Quotient aus Zähler und Nenner und damit ein **Dezimalbruch (Dezimalzahl).**

$\frac{7}{5} = 1{,}4$, denn $7 : 5 = 1{,}4$

Für ein und dieselbe Zahl sind deshalb **viele Schreibweisen** möglich.

$\frac{1}{2} = \frac{2}{4} = 1 : 2$ oder $2 : 4 = 0{,}5$

Die Quotienten echter Brüche haben eine Null vor dem Komma.

$\frac{1}{4} = 0{,}25$, denn $1 : 4 = 0{,}25$

Die Stellen nach dem Komma heißen Nachkommastellen oder **Dezimalen.** Das Zehnersystem wird um Zehntel, Hundertstel, Tausendstel usw. nach rechts (hinter dem Komma) fortgesetzt.

1,67 besteht aus 1 (einem Ganzen) plus 6 Zehnteln plus 7 Hundertsteln.

Jede Dezimalzahl hat einen eindeutigen Platz auf dem Zahlenstrahl.

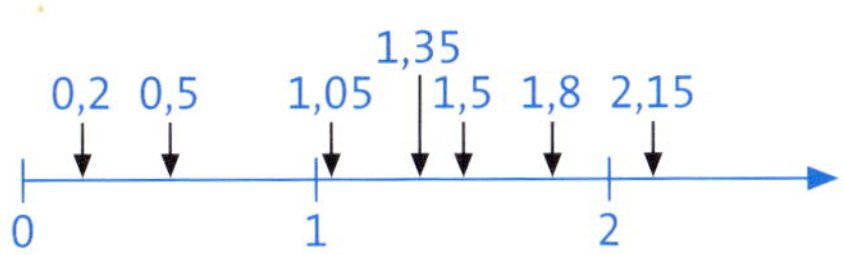

Dezimalbrüche vergleichen

Dezimalzahlen vergleicht man stellenweise (Komma unter Komma) von links nach rechts. Die größere Zahl ist die, bei der zuerst eine größere Ziffer vorkommt.

Was ist größer: 0,30 oder 0,29?
→ $0{,}3 > 0{,}29$, denn $3 > 2$

Dezimalbrüche addieren und subtrahieren

Beim schriftlichen **Addieren** und **Subtrahieren** schreibt man Dezimalzahlen stellengerecht untereinander, d.h. **Komma unter Komma.**

			0,	3	5	
			1,	2	6	8
	+		0,	0	8	2
	+	1	2,			
Übertrag				2	1	
Ergebnis		1	3,	7	0	0

Haben Zahlen unterschiedlich viele Nachkommastellen, dann werden die kürzeren mit **Endnullen** aufgefüllt. Dann wird von rechts nach links gerechnet.

0,350 + 1,268 + 0,082 + 12,000 = 13,7

		8,	2	4	
	–	2,	0	8	3
Übertrag			1	1	
Ergebnis		6,	1	5	7

Im Ergebnis steht das Komma stellengerecht darunter. Endnullen werden nicht mitgeschrieben.

8,240 – 2,083 = 6,157

Dezimalbrüche multiplizieren und dividieren

Beim schriftlichen **Multiplizieren** zweier Dezimalzahlen wird zunächst ohne Komma gerechnet.
Im Ergebnis wird das Komma so eingefügt, dass es genau so viele Dezimalen hat wie beide Faktoren zusammen.

2,23 · 3,8
gerechnet wird: 223 · 38 = 8474 →
Komma bei 8,474, denn
2 Dezimalen + 1 Dezimale = 3 Dezimalen
→ 2,23 · 3,8 = 8,474

Endnullen des Ergebnisses werden bei der Kommasetzung zwar **mitgezählt,** aber im Ergebnis nicht mitgeschrieben.

1,24 · 0,25 = 0,3100, denn
2 Dezimalen + 2 Dezimalen = 4 Dezimalen,
→ 1,24 · 0,25 = 0,31

Beim **Dividieren** zweier Dezimalzahlen verschiebt man das Komma in **beiden Zahlen** so weit nach rechts, bis der Divisor eine natürliche Zahl ist. Hat der Divisor mehr Nachkommastellen als der Dividend, werden an diesen entsprechend weitere Nullen angehängt. Dann wird dividiert. Im Ergebnis wird das Komma dann gesetzt, wenn das Komma beim Dividenden überschritten wird.

1,05 : 0,6 = 10,5 : 6
Komma um eine Stelle nach rechts verschoben
→ 10,5 : 6 = 1,75 → 1,05 : 0,6 = 1,75

Ist der Dividend kleiner als der Divisor, beginnt das Ergebnis mit „null Komma“.

$7{,}2 : 54{,}0 = 0{,}1\overline{3}$

Rationale Zahlen darstellen und vergleichen

Alle natürlichen, ganzen Zahlen und alle positiven und negativen Bruch- und Dezimalzahlen gehören zur **Menge der rationalen Zahlen.** Auf der Zahlengeraden (1) gilt:

- Die Zahlen links von der Null heißen **negative Zahlen** und werden durch ein **negatives Vorzeichen** gekennzeichnet.
- Die Zahlen rechts von der Null heißen **positive Zahlen,** sie können durch ein **positives Vorzeichen** gekennzeichnet werden. Zahlen ohne Vorzeichen sind positive Zahlen.
- Die **0** ist weder positiv noch negativ.

rationale Zahlen: 1; –5; 3,68; –6,540; $\frac{2}{4}$; $-\frac{3}{2}$; –4678; –9,0020

(1)

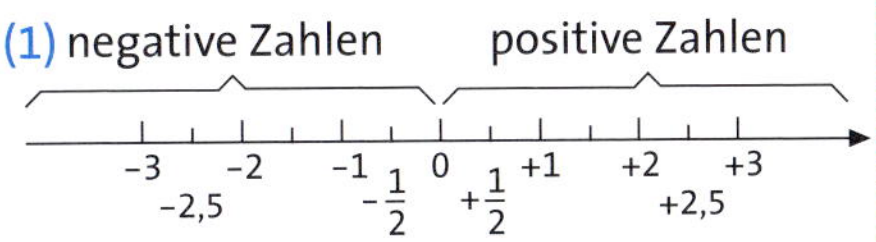

Wird auch das **Koordinatensystem** (2) in den negativen Bereich fortgesetzt, zeigen die Pfeilspitzen, in welche Richtung die Zahlen größer werden.

(2)

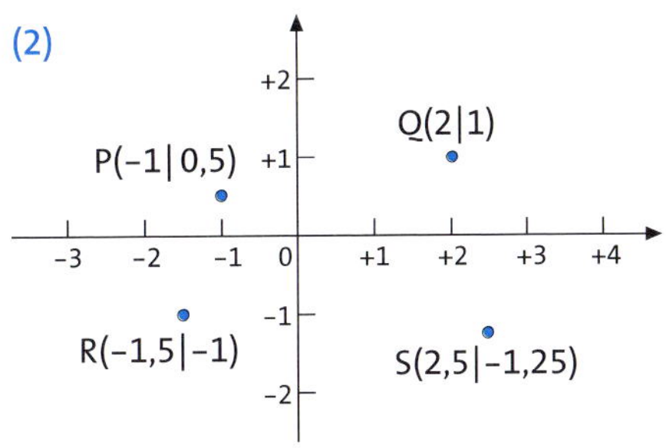

Beim **Vergleichen** (3) zweier Zahlen gilt:

- Liegt eine rationale Zahl auf der Zahlengeraden weiter links als eine andere, dann ist sie **kleiner.**
- Eine negative Zahl ist immer kleiner als eine positive Zahl.

(3)

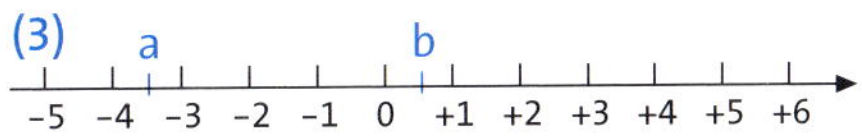

a = –3,5
b = +0,5 a < b

–987 < 23; 567 > –567,9; 898 > –899

Betrag und Gegenzahl

Der Abstand einer Zahl zur Null heißt **Betrag** der Zahl.

Der Betrag von –5 ist 5 → |–5| = 5.
Der Betrag von +5 ist 5 → |+5| = 5.

Haben zwei verschiedene Zahlen denselben Abstand zur Null, so heißt jede der beiden Zahlen die **Gegenzahl (Spiegelzahl)** der anderen.

–5 ist die Gegenzahl von +5 und
+5 ist die Gegenzahl von –5.
Es gilt: |–5| = |+5| = 5

Vorzeichenregeln beim Rechnen

Haben beim **Addieren**	
■ die Summanden **dieselben Vorzeichen,** werden ihre Beträge addiert. Das Ergebnis erhält das gemeinsame Vorzeichen.	$12 + 13 = (+12) + (+13) = 25$ $(-12) + (-13) = -25$
■ die Summanden **unterschiedliche Vorzeichen,** wird der kleinere Betrag vom größeren subtrahiert. Das Ergebnis erhält das Vorzeichen der Zahl mit dem größeren Betrag.	$12 + (-13) = -(13 - 12) = -1$ $13 + (-12) = +(13 - 12) = +1$
Beim **Subtrahieren** zweier rationaler Zahlen wird immer die **Gegenzahl des Subtrahenden** mit dem Minuenden addiert. Es gelten dann die Regeln für das Addieren (s. o.).	$(+a) - (+b) = (+a) + (-b)$ $(-a) - (-b) = (-a) + (+b)$ $(+a) - (-b) = (+a) + (+b)$ $(-a) - (+b) = (-a) + (-b)$
Vorzeichen und Rechenzeichen dürfen zusammengefasst werden.	$a + (+b) = a + b$; $a - (-b) = a + b$ $a + (-b) = a - b$; $a - (+b) = a - b$
Beim **Multiplizieren** von rationalen Zahlen ist das Ergebnis	
■ **positiv,** wenn alle Faktoren positiv sind.	$(+6) \cdot (+6{,}87) \cdot (+9) = +370{,}98$
■ **positiv,** wenn die Anzahl der negativen Faktoren gerade ist.	$(-6) \cdot (-6{,}87) \cdot (+9) = +370{,}98$
■ **negativ,** wenn die Anzahl der negativen Faktoren ungerade ist.	$(-6) \cdot (+6{,}87) \cdot (+9) = -370{,}98$
■ Das Ergebnis ist **null,** wenn (mindestens) ein Faktor null ist.	$(-6) \cdot (-6{,}87) \cdot 0 \cdot (+9) = 0$
Beim **Dividieren** ist der Quotient	
■ bei gleichen Vorzeichen von Dividend und Divisor **positiv.**	$(-9) : (-3) = 3$; $(+9) : (+3) = (+3)$
■ **negativ,** wenn sie unterschiedliche Vorzeichen haben.	$(-9) : 3 = -3$; $9 : (-3) = (-3)$ $-\frac{2}{5} : (+2) = -\frac{2}{5} \cdot (+\frac{1}{2}) = -\frac{\overset{1}{\cancel{2}}}{5} \cdot \frac{1}{\underset{1}{\cancel{2}}} = -\frac{1}{5}$
■ Die Division durch **0** ist nicht erlaubt.	

1.1 Brüche darstellen

1 Färben Sie immer den angegebenen Anteil. Bestimmen Sie, wie viel jeweils zum Ganzen fehlt, indem Sie eine Additions- oder Subtraktionsaufgabe formulieren.

a) $\frac{5}{6}$

$\frac{6}{6} - \frac{5}{6} = \frac{1}{6}$

b) $\frac{2}{5}$

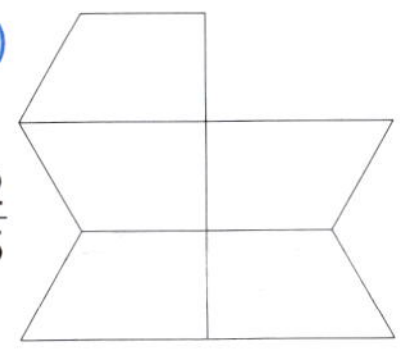

c) $\frac{4}{7}$

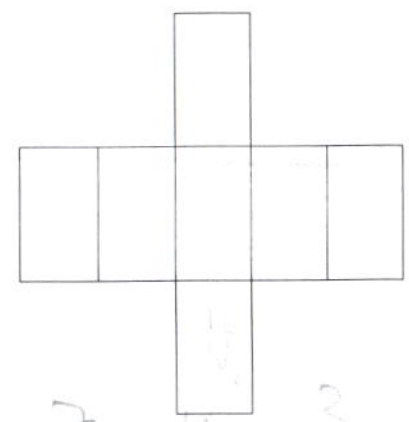

d) $\frac{7}{12}$

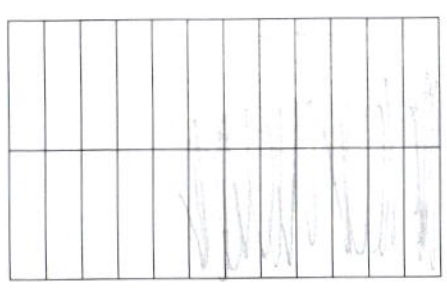

e) $\frac{9}{10}$

f) $\frac{11}{16}$

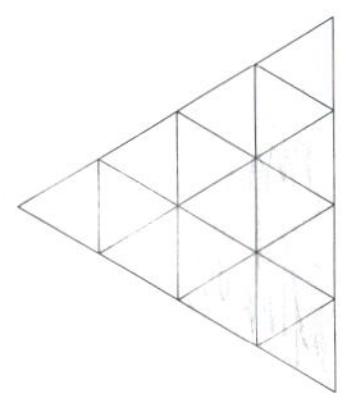

g) $\frac{3}{4}$

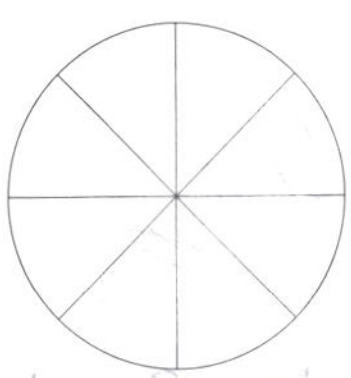

h) $\frac{3}{8}$

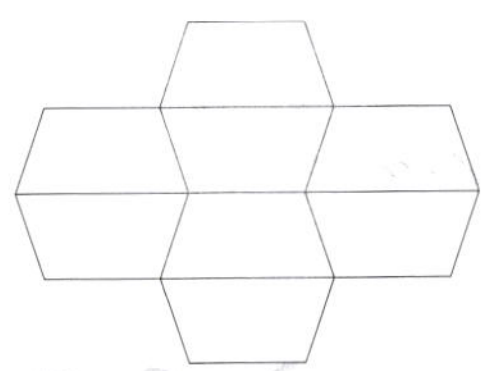

i) $\frac{2}{7}$

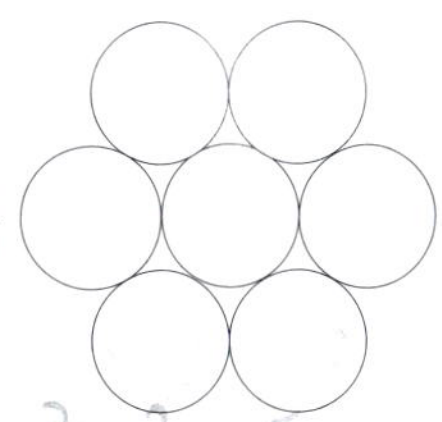

2 Tragen Sie die angegebenen Zahlen auf der Zahlengeraden ein. Verwenden Sie für unechte Brüche eine andere Farbe.

$-\frac{1}{2}, -\frac{3}{2}, \frac{4}{2}, -\frac{4}{3}, 1\frac{1}{3}, \frac{6}{3}, \frac{2}{4}, -\frac{5}{6}, \frac{9}{4}, 1\frac{2}{8}$

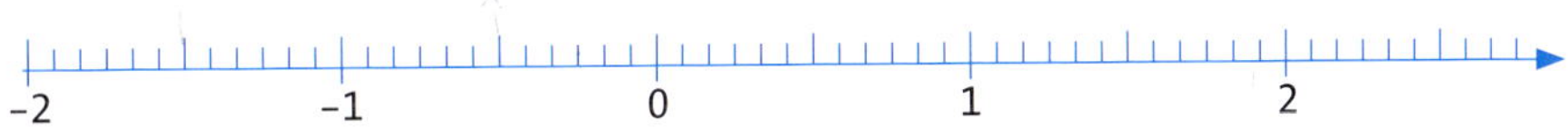

PRAXISTIPP Grundbegriffe zu den Rechenarten

Addition (plus):	1. Summand + 2. Summand (+ ... Summand) = Summe
Subtraktion (minus):	Minuend – Subtrahend = Differenz
Multiplikation (mal):	1. Faktor · 2. Faktor (· ... Faktor) = Produkt
Division (geteilt):	Dividend : Divisor = Quotient

1.2 Vergleichen, erweitern, kürzen

3 Bringen Sie die Brüche in die richtige Reihenfolge. Verwenden Sie das Relationszeichen < („kleiner als"). Arbeiten Sie in Ihrem Heft.

a) $\frac{25}{4}, \frac{7}{4}, \frac{11}{4}, \frac{4}{4}, \frac{23}{4}, \frac{37}{4}, \frac{2}{4}$

b) $\frac{15}{9}, \frac{15}{24}, \frac{15}{41}, \frac{15}{4}, \frac{15}{56}, \frac{15}{144}, \frac{15}{67}$

PRAXISTIPP Kürzen mit dem ggT

Manche Brüche können Sie mehrfach und schrittweise **kürzen.** Schneller geht es mit dem größten gemeinsamen Teiler **(ggT)** von Zähler und Nenner. Ermitteln Sie dazu separat alle Teiler von Zähler und Nenner und bestimmen Sie den größten gemeinsamen Teiler.

$\frac{36}{48} = \frac{3}{4}$, denn

- Teiler von 36 sind: 36, 18, **12,** 9, 6, 4, 3, 2, 1
- Teiler von 48 sind: 48, 24, 16, **12,** 8, 6, 4, 3, 2, 1
- Der ggT von 36 und 48 ist 12. → 36 : 12 = 3; 48 : 12 = 4

4 Bestimmen Sie durch vollständiges Kürzen, welche Brüche dieselbe Zahl darstellen, und markieren Sie diese jeweils in derselben Farbe.

a)

$\frac{1}{2}$	$\frac{5}{8}$	$\frac{2}{3}$
$\frac{4}{6}$	$\frac{2}{4}$	$\frac{4}{8}$
$\frac{15}{24}$	$\frac{6}{9}$	

b)

$\frac{3}{5}$	$\frac{9}{15}$	$\frac{8}{14}$
$\frac{30}{50}$	$\frac{7}{10}$	$\frac{4}{7}$
$\frac{18}{30}$		

5 Ergänzen Sie den fehlenden Zähler oder Nenner jeweils durch Erweitern des Bruches. Schreiben Sie in Klammern, mit welchem Faktor Sie erweitert haben.

a) $\frac{3}{5} = \frac{}{10}$ (______) b) $\frac{6}{7} = \frac{}{21}$ (______) c) $\frac{13}{4} = \frac{}{20}$ (______)

d) $\frac{8}{5} = \frac{48}{}$ (______) e) $\frac{18}{11} = \frac{}{110}$ (______) f) $\frac{1}{50} = \frac{}{700}$ (______)

6 Kürzen und/oder erweitern Sie. Setzen Sie jeweils das richtige Relationszeichen (<, =, >).

a) $\frac{5}{7}$ ___ $\frac{6}{8}$ b) $\frac{3}{4}$ ___ $\frac{27}{36}$ c) $\frac{5}{4}$ ___ $\frac{11}{9}$ d) $\frac{6}{35}$ ___ $\frac{3}{17}$ e) $\frac{15}{24}$ ___ $\frac{7}{16}$

1.3 Brüche addieren und subtrahieren

7 Berechnen Sie die Summenwerte in Ihrem Heft.

a) $\frac{1}{2} + \frac{1}{4}$ b) $\frac{3}{4} + \frac{2}{3}$ c) $\frac{11}{15} + \frac{5}{21}$ d) $\frac{5}{8} + \frac{1}{4}$ e) $\frac{5}{9} + \frac{6}{7}$

f) $\frac{11}{12} + \frac{3}{5}$ g) $\frac{7}{8} + \frac{3}{10}$ h) $\frac{5}{12} + \frac{3}{4}$ i) $\frac{11}{12} + \frac{4}{15}$ j) $\frac{7}{8} + \frac{8}{9}$

k) $\frac{9}{14} + \frac{5}{28}$ l) $\frac{7}{8} + \frac{19}{20}$ m) $\frac{13}{18} + \frac{2}{21}$ n) $\frac{4}{9} + \frac{5}{12}$ o) $\frac{13}{27} + \frac{11}{18}$

PRAXISTIPP Auf den Hauptnenner erweitern mit dem kgV

Zum Addieren und Subtrahieren (mehrerer) ungleichnamiger Brüche werden diese zuerst auf einen gemeinsamen Nenner, den **Hauptnenner,** erweitert. Ermitteln Sie dazu das kleinste gemeinsame Vielfache **(kgV),** indem Sie zuerst die ersten Vielfachen der größeren Zahl und danach der kleineren Zahl(en) auflisten. Die erste übereinstimmende Zahl ist das kgV.

Das kgV von 8, 9 und 18 ist 72, denn
- die ersten Vielfachen von 18 sind: 18, 36, 54, **72,** 90, 108, ...
- die ersten Vielfachen von 9 sind: 9, 18, 27, 36, 45, 54, 63, **72,** 81, 90, ...
- die ersten Vielfachen von 8 sind: 8, 16, 24, 32, 40, 48, 56, 64, **72,** ...

8 Berechnen Sie die Werte der Differenz im Heft.

a) $\frac{15}{16} - \frac{7}{16}$ b) $\frac{19}{24} - \frac{13}{24}$ c) $\frac{17}{25} - \frac{12}{25}$ d) $\frac{3}{4} - \frac{2}{3}$ e) $\frac{11}{12} - \frac{3}{8}$

f) $\frac{14}{15} - \frac{5}{6}$ g) $\frac{17}{18} - \frac{2}{27}$ h) $\frac{7}{12} - \frac{3}{14}$ i) $\frac{7}{12} - \frac{2}{9}$ j) $\frac{28}{33} - \frac{1}{6}$

k) $\frac{28}{33} - \frac{5}{22}$ l) $\frac{29}{30} - \frac{29}{42}$ m) $\frac{53}{56} - \frac{31}{42}$ n) $\frac{13}{72} - \frac{11}{81}$ o) $\frac{15}{22} - \frac{5}{33}$

9 Berechnen Sie die Summenwerte in Ihrem Heft. Überlegen Sie, ob Sie Summanden teilweise zusammenfassen können.

a) $\frac{3}{4} + \frac{5}{6} + \frac{7}{10}$ b) $\frac{7}{8} + \frac{5}{12} + \frac{5}{6}$ c) $\frac{4}{5} + \frac{5}{8} + \frac{9}{16}$

d) $\frac{7}{9} + \frac{11}{15} + \frac{3}{4}$ e) $\frac{3}{10} + \frac{14}{15} + \frac{17}{25}$ f) $\frac{7}{12} + \frac{11}{18} + \frac{17}{30}$

g) $\frac{4}{7} + \frac{13}{21} + \frac{14}{15} + \frac{19}{28}$ h) $\frac{5}{6} + \frac{4}{15} + \frac{3}{4} + \frac{17}{20}$ i) $\frac{25}{28} + \frac{17}{35} + \frac{11}{15} + \frac{7}{10}$

j) $\frac{7}{8} + \frac{25}{124} + \frac{5}{72} + \frac{13}{15}$ k) $\frac{4}{5} + \frac{7}{9} + \frac{21}{25} + \frac{14}{15} + \frac{13}{75} + \frac{13}{45}$

l) $\frac{19}{35} + \frac{1}{2} + \frac{26}{55} + \frac{9}{11} + \frac{53}{70} + \frac{5}{7}$

PRAXISTIPP **Mit gemischten Brüchen rechnen**

Rechnen Sie beim Addieren und Subtrahieren gemischter Brüche die ganzen Zahlen und die Bruchanteile jeweils separat zusammen.

$$2\tfrac{3}{5} + 3\tfrac{4}{5} = \left(2 + \tfrac{3}{5}\right) + \left(3 + \tfrac{4}{5}\right) = (2 + 3) + \left(\tfrac{3}{5} + \tfrac{4}{5}\right) = 5 + \tfrac{7}{5} = 5 + 1 + \tfrac{2}{5} = 6\tfrac{2}{5}$$

10 Berechnen Sie die Summen und Differenzen in Ihrem Heft.

a) $7\frac{3}{4} + 5\frac{2}{3}$ b) $4\frac{11}{12} + 7\frac{5}{8}$ c) $28\frac{5}{18} + 43\frac{17}{25} + 47\frac{13}{15}$

d) $2\frac{2}{3} - 1\frac{1}{4}$ e) $3\frac{5}{9} + 4\frac{5}{12}$ f) $3\frac{7}{12} + 4\frac{11}{15} + 7\frac{3}{5}$

g) $12\frac{7}{8} - 3\frac{1}{3}$ h) $5\frac{4}{5} - 2\frac{4}{15}$ i) $23\frac{7}{12} + 4\frac{14}{15} + 17\frac{3}{4}$

j) $6\frac{4}{15} + 9\frac{5}{6}$ k) $12\frac{8}{15} - 3\frac{2}{3}$ l) $85\frac{11}{12} + 17\frac{2}{3} + 76\frac{17}{18} + 4\frac{1}{2} + \frac{8}{45} + \frac{7}{8} + \frac{5}{9}$

m) $11\frac{11}{14} + 3\frac{13}{21}$ n) $17\frac{12}{25} + 18\frac{9}{10}$ o) $37\frac{7}{24} - 21\frac{11}{36}$

11 In den Rechenquadraten haben die waagerechten, senkrechten und diagonalen Zeilen immer denselben Summenwert. Ergänzen Sie die leeren Felder.

a)

		$\frac{2}{3}$
$\frac{5}{6}$	$\frac{7}{6}$	
$\frac{5}{3}$		

b)

		$\frac{7}{6}$
	$\frac{4}{3}$	
$\frac{3}{2}$	$\frac{2}{3}$	

c)

$\frac{4}{5}$	$\frac{1}{10}$	$\frac{3}{5}$
	$\frac{1}{2}$	

12 Füllen Sie die Leerstellen aus und machen Sie die Probe. Denken Sie daran: Subtraktion und Addition sind jeweils die Umkehrrechnungen zueinander.

a) ____ $+ \frac{3}{8} = \frac{5}{12}$ b) ____ $- \frac{15}{14} = \frac{7}{8}$ c) $\frac{4}{9} -$ ____ $= \frac{4}{15}$ d) $\frac{12}{25} +$ ____ $= 4\frac{3}{10}$

e) $4\frac{1}{2} -$ ____ $= 3\frac{3}{4}$ f) $\frac{7}{22} +$ ____ $= \frac{16}{33}$ g) $1\frac{4}{25} -$ ____ $= \frac{14}{15}$ h) ____ $+ \frac{11}{16} = \frac{25}{24}$

1.4 Brüche multiplizieren und dividieren

13 Berechnen Sie die Produkte. Oftmals ist es möglich, vor dem Multiplizieren zu kürzen, indem je ein Faktor des Zählers und ein Faktor des Nenners durch dieselbe Zahl dividiert wird.

a) $\frac{3}{5} \cdot \frac{2}{9} = \frac{\overset{1}{\cancel{3}} \cdot 2}{5 \cdot \underset{3}{\cancel{9}}} = \frac{2}{15}$ b) $\frac{10}{7} \cdot \frac{3}{5} =$ ____ = ____

c) $\frac{1}{2} \cdot \frac{3}{4} =$ ____ = ____ d) $\frac{8}{27} \cdot \frac{18}{5} =$ ____ = ____

e) $\frac{30}{8} \cdot \frac{12}{5} =$ ____ = ____ f) $\frac{11}{20} \cdot \frac{15}{22} =$ ____ = ____

g) $\frac{1}{4} \cdot \frac{4}{3} \cdot \frac{3}{1} =$ ____ = ____ h) $\frac{3}{8} \cdot \frac{4}{5} \cdot \frac{10}{9} =$ ____ = ____

14 Ermitteln Sie die Quotienten. Beachten Sie, dass Sie beim Dividieren erst kürzen dürfen, nachdem Sie die Aufgabe in eine Multiplikation umgeformt haben.

a) $\frac{3}{10} : \frac{1}{2}$ = ____ = ____ = ____ b) $\frac{4}{9} : \frac{2}{3}$ = ____ = ____ = ____

c) $\frac{12}{7} : \frac{8}{21}$ = ____ = ____ = ____ d) $\frac{1}{6} : \frac{2}{3}$ = ____ = ____ = ____

e) $\frac{3}{5} : \frac{9}{15}$ = ____ = ____ = ____ f) $\frac{35}{78} : \frac{49}{130}$ = ____ = ____ = ____

15 Berechnen Sie im Heft. Formen Sie natürliche Zahlen und Zahlen in gemischter Schreibweise zuerst in Brüche um. Notieren Sie das gekürzte Ergebnis und stellen Sie es in der gemischten Schreibweise dar, sofern möglich.

a) $2\frac{2}{3} \cdot 5\frac{1}{4}$ = ____ b) $2\frac{1}{3} : 2\frac{4}{5}$ = ____ c) $1\frac{3}{7} \cdot 6 \cdot 3\frac{1}{2}$ = ____

d) $\frac{6}{4} \cdot \frac{20}{11}$ = ____ e) $4\frac{2}{5} \cdot 1\frac{9}{11}$ = ____ f) $\frac{51}{35} : \frac{17}{14}$ = ____

16 Berechnen Sie im Heft. Berücksichtigen Sie alle Rechenregeln. Beim Potenzieren von Brüchen werden Zähler und Nenner jeweils für sich potenziert.

a) $6\frac{1}{2} - 3\frac{1}{4} : 1\frac{1}{8}$ = ____ b) $\frac{9}{2} : 5 - \left(\frac{3}{5}\right)^2 \cdot 2$ = ____

1.5 Mit Dezimalbrüchen rechnen

17 Geben Sie die markierten Zahlen (a bis i) in Dezimalschreibweise an.

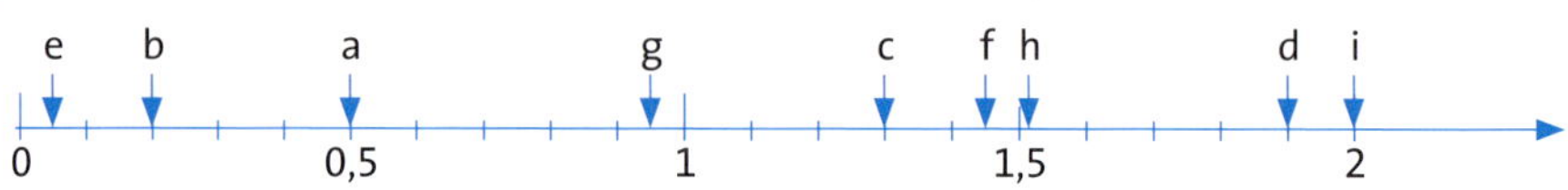

a = ____ b = ____ c = ____

d = ____ e = ____ f = ____

g = ____ h = ____ i = ____

18 Schreiben Sie die angegebenen Brüche in Dezimalschreibweise, indem Sie den Quotienten aus Zähler und Nenner bilden.

a) $\frac{7}{5}$ = ________ b) $\frac{4}{3}$ = ________ c) $\frac{1}{4}$ = ________

d) $\frac{177}{80}$ = ________ e) $\frac{2}{15}$ = ________ f) $\frac{3}{10}$ = ________

g) $\frac{13}{500}$ = ________ h) $\frac{11}{6}$ = ________ i) $\frac{121}{4}$ = ________

PRAXISTIPP Einfacher rechnen mit Zehnerbrüchen

Zehnerbrüche haben stets eine Zehnerpotenz (10, 100, 1000, 10 000 ...) im Nenner. Jede Dezimalzahl kann in einen Zehnerbruch umgewandelt werden (und umgekehrt). Dabei ist der Zähler die Dezimalzahl ohne Komma geschrieben. Der Nenner ist eine Zehnerpotenz, die **genauso viele Nullen** hat wie die Dezimalzahl **Nachkommastellen.**

$0{,}1 = \frac{1}{10}$ $0{,}01 = \frac{1}{100}$ $0{,}75 = \frac{75}{100} = \frac{3}{4}$ $0{,}125 = \frac{125}{1000} = \frac{1}{8}$

19 Schreiben Sie die Dezimalzahlen als Zehnerbruch und kürzen Sie dann, wenn möglich.

a) 1,22 = ____________ b) 2,7 = ____________

c) 0,26 = ____________ d) 12,1 = ____________

e) 36,098 = ____________ f) 0,00725 = ____________

20 Erweitern Sie jeden Bruch zu einem Zehnerbruch und schreiben Sie ihn dann als Dezimalzahl. Notieren Sie in der Klammer, mit welchem Faktor Sie erweitert haben.

a) $\frac{1}{5}$ = ________ = ________ (____) b) $\frac{7}{20}$ = ________ = ________ (____)

c) $\frac{11}{2}$ = ________ = ________ (____) d) $\frac{13}{500}$ = ________ = ________ (____)

e) $\frac{3}{25}$ = ________ = ________ (____) f) $\frac{3}{40}$ = ________ = ________ (____)

21 Vergleichen Sie und setzen Sie das richtige Relationszeichen (<, =, >).

a) 4,2 ____ 4,02 b) 2,89 ____ 12,98 c) 0,004 ____ 0,039

d) $\frac{27}{100}$ ____ 0,027 e) $\frac{917}{10000}$ ____ 0,0917 f) 1,02 ____ $\frac{53}{50}$

g) 3,45 ____ $3\frac{9}{20}$ h) 0,0010 ____ 0,00100 i) 4,080976 ____ 4,089067

22 Berechnen Sie im Kopf und tragen Sie Ihre Ergebnisse ein.

a) 2,2 + 2,1 = 4,3 b) 7,2 + 0,6 = 7,8 c) 5,3 + 5,8 = 11,1

d) 12,7 + 7,3 = 20 e) 2,2 − 2,1 = 0,1 f) 18,3 − 5 = 13,3

g) 2,5 − 1,3 = 0,8 h) 6,2 − 3,8 = 2,4 i) 56,98 + 43,02 = 100,00

23 Berechnen Sie schriftlich in Ihrem Heft und tragen Sie Ihre Ergebnisse ein.

a) 2,23 + 7,78 = ____ b) 13,44 + 8,281 = ____

c) 7,05 − 0,153 = ____ d) 12,05 + 0,055 = ____

e) 10,2 − 8,8 = ____ f) 3,15 − 1,48 = ____

g) 2,08 + 6,876 + 8976 − 543,987 + 544,0999 = ____

24 Berechnen Sie die Produkte in Ihrem Heft und nicht mit dem Taschenrechner. Markieren Sie die richtige Lösung und tragen Sie die Lösungsbuchstaben ein.

a) 5,78 · 76,98 =	444,9444	S	444,9874	F	443,9444	T
b) 1,95 · 5,8 =	11,03	I	11,31	U	12,13	E
c) 2,4 · 2,7 =	6,48	P	6,38	N	4,48	E
d) 4 · 2,43 =	8,34	T	9,72	E	9,072	R
e) 4,32 · 9,1 =	38,132	M	39,312	R	36,320	G

Lösungswort: ___ ___ ___ ___ ___

25 Berechnen Sie die Quotienten schriftlich in Ihrem Heft und tragen Sie die Ergebnisse ein. Notieren Sie in Klammern, um wie viele Stellen Sie das Komma verschieben müssen, damit der Divisor eine natürliche Zahl ist.

a) 8,4 : 1,6 = ________ (___)
b) 5,461 : 2,15 = ________ (___)
c) 16 : 2,5 = ________ (___)
d) 0,1705 : 5,5 = ________ (___)
e) 1,83 : 0,12 = ________ (___)
f) 9,72 : 2,025 = ________ (___)

26 Füllen Sie die Lücken in den Rechenketten. Das Ergebnis ist stets gleich.

a) 0,5 → −0,3 → ____ → · 6 → ____ → +1,3 → ____
b) 1,5 → : 2 → ____ → +9,25 → ____ → : 4 → ____
c) 5,76 → : 7,2 → ____ → −0,175 → ____ → · 4 → ____

27 Rechnen Sie schriftlich in Ihrem Übungsheft. Tragen Sie die Ergebnisse ein.

a) 9,72 : 2,025 = ________
b) 2,46 · 2,789 = ________
c) 13,44 + 8,281 = ________
d) 10,2 − 8,82 = ________
e) 2,23 + 7,78 = ________
f) 1,95 · 3 = ________
g) 5,461 : 2,15 = ________
h) 7,05 − 0,153 = ________

1.6 Mit rationalen Zahlen rechnen

28 Ordnen Sie die Zahlen der Größe nach. Verwenden Sie dazu das Relationszeichen < („kleiner als“).

$-3;\ +2;\ -3{,}5;\ -2{,}5;\ +0{,}3;\ +3{,}2;\ -\frac{1}{2};\ -\frac{1}{4};\ +4{,}7;\ -1{,}5;\ +\frac{3}{2};\ -\frac{3}{2}$

____

29 Ergänzen Sie die Tabelle.

Zahl	+7	−1,5		0	−0,16	$-\frac{3}{97}$			
Gegenzahl			+3,4				+	−	−0,007
Betrag							6,7	$\frac{2}{3}$	

30 Betrachten Sie das unten stehende Koordinatensystem.

a) Geben Sie die Koordinaten der eingezeichneten Punkte an.

b) Markieren Sie folgende Punkte im Koordinatensystem:
H(+2,5|+0,5); I(−2|−1); J(0|+1,7); K(−2,4|0); L(−4,5|−2,2); M(−4,5|+1,2).

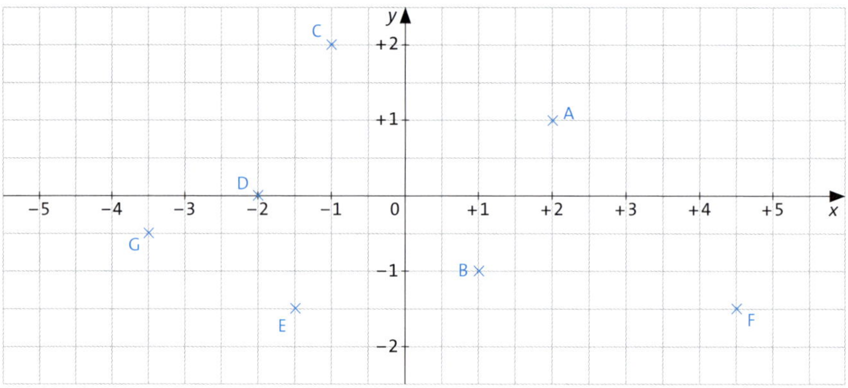

A (__|__); B (__|__); C (__|__); D (__|__); E (__|__); F (__|__); G (__|__)

31 Ergänzen Sie die jeweils fehlende rationale Zahl, sodass die Rechnung stimmt.

a) 10 + (−18) = −8

b) (−23) + 20 = −3

c) 55 − 40 = −15

d) (−8,5) + 6,3 = −2,2

e) $-\frac{3}{7}$ + ____ = −1

f) 2 · 0,3 = 0,6

g) −3 : ____ = $-\frac{1}{3}$

h) −2 : ____ = 8

i) 2,3 − 0,7 − 3,3 = ____

32 Fügen Sie jeweils das richtige Rechenzeichen +, −, · oder : ein.

a) 1 __ 9 = −8

b) −14 __ 20 = 6

c) −0,6 __ 3 = −0,2

d) $\frac{3}{4}$ __ (−4) = −3

e) $1\frac{3}{8}$ __ $\left(-\frac{5}{8}\right)$ = 2

f) 7,98 __ $-\frac{1}{4}$ = −1,996

33 Berechnen Sie die leeren Felder und verfolgen Sie dabei möglichst viele Rechenwege.

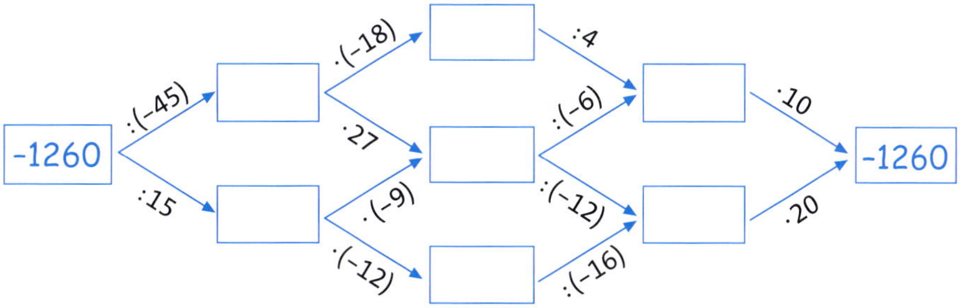

34 Markieren Sie das richtige Ergebnis und tragen Sie die Lösungsbuchstaben ein.

a) $-12 \cdot (-3) =$	→	34	S	36	G	−34	F
b) $2 \cdot (-1{,}5) =$	→	−3	E	4	U	3	I
c) $-9 : (-3) =$	→	−3	P	3	C	27	E
d) $-6 \cdot \left(-\frac{1}{4}\right) =$	→	$+\frac{3}{2}$	H	$\frac{2}{3}$	M	$-\frac{3}{2}$	E
e) $-\frac{3}{7} : \frac{1}{14} =$	→	−6	E	$-\frac{3}{97}$	R	6	O
f) $3{,}2 : (-1{,}6) =$	→	−2,2	K	−2,0	C	2,2	L
g) $-10 \cdot (-0{,}23) =$	→	−2,3	T	2,4	G	2,3	K
h) $-0{,}8 : (-0{,}2) =$	→	1,6	L	−1,6	F	4	T

Lösungswort: Sie haben es ___ ___ ___ ___ ___ ___ ___ ___!

35 Berechnen Sie im Kopf. Denken Sie an die Vorzeichenregeln.

a) $-2 + 3 =$ _____ b) $7 - 11 =$ _____ c) $-1{,}5 - (-1) =$ _____

d) $-\frac{3}{4} + \left(-\frac{1}{4}\right) =$ _____ e) $-\frac{3}{8} + \frac{1}{16} =$ _____ f) $0 - 3{,}2 =$ _____

g) $-17 + 17 =$ _____ h) $-3{,}9 - 2{,}4 =$ _____ i) $-5\frac{1}{2} + 0{,}25 =$ _____

2 Rechnen mit Größen

Maßzahl und Maßeinheit

Beim Rechnen mit Größen werden **Maßzahl** und **Maßeinheit** stets zusammen aufgeführt. Die Maßeinheit gibt die Einheit an. An ihr erkennt man, welche Größe betrachtet wird. Die Maßzahl bezeichnet den Wert oder die Menge.

Gewicht von 50 kg:
Maßzahl = 50; Maßeinheit kg
Entfernung von 68 km:
Maßzahl = 68; Maßeinheit = km
Fahrtzeit von 2:00 h:
Maßzahl 2; Maßeinheit: h

Einheiten umrechnen

Jede Maßeinheit besteht aus verschiedenen Einheiten, die ineinander **umgerechnet** werden können. Dabei gelten festgelegte **Umrechnungszahlen.** Oft sind das Zehnerpotenzen.

Umrechnungszahl 100: 1 € = 100 ct
Umrechnungszahl 1000:
1 t = 1000 kg = 1 000 000 g
1 km = 1000 m
Umrechnungszahl 60: 1 min = 60 s

Werden gemischte Beträge einer Größe in **Kommaschreibweise** angegeben, so bezieht sich die Angabe der Einheit auf die Stellen vor dem Komma. Die Stellen hinter dem Komma beschreiben die nächstkleinere Einheit.

1,2 kg = 1 kg + 200 g
4,80 € = 4 € + 80 ct
2:04 h = 2 h + 4 min

- Zum Umrechnen **in die nächstgrößere Einheit** wird die Maßzahl durch die Umrechnungszahl dividiert. Das **Komma** verschiebt sich – je nach Anzahl der Nullen der Umrechnungszahl – **nach links.** Mitunter müssen noch Nullen vorangestellt werden.

4555 kg = 4,555 t
1543,2 mg = 1,5432 g = 0,**00**15432 kg

- Zum Umrechnen **in die nächstkleinere Einheit** wird die Maßzahl mit der Umrechnungszahl multipliziert. Das **Komma** verschiebt sich – je nach Anzahl der Nullen der Umrechnungszahl – **nach rechts** oder der Betrag wird durch das Anhängen der Nullen vergrößert.

0,0578 g = 57,8 mg
0,6888 kg = 688,8 g = 6888**00**,0 mg

Rechnen mit Längen-, Flächen- und Volumenangaben

Folgende **Längeneinheiten** sind bei uns üblich: Kilometer (km), Meter (m), Dezimeter (dm), Zentimeter (cm) und Millimeter (mm).

Die Umrechnungszahl ist **1000** bzw. **10.**

3 km = 3**000** m
4 m = 4**0** dm
5 dm = 5**0** cm
43 cm = 43**0** mm

Darüber hinaus gibt es historische Einheiten oder Einheiten, die in anderen Ländern gebräuchlich sind.

yard/Elle (yd): 1 yd = 91,44 cm;
inch/Zoll (in/″) 1 in = 1″ = 25,4 mm

Folgende **Flächeneinheiten** sind bei uns üblich: Quadratmillimeter (mm^2), Quadratzentimeter (cm^2), Quadratmeter (m^2), Ar (a), Hektar (ha), Quadratkilometer (km^2).

Die Umrechnungszahl ist **100.**

2 km^2 = 2**00** ha = 20**000** a
51 a = 51**00** m^2 = 510 0**00** dm^2
190 0**00** mm^2 = 19**00** cm^2 = 19 dm^2

Folgende **Volumeneinheiten** sind bei uns üblich: Kubikmillimeter (mm^3), Kubikzentimeter (cm^3), Kubikdezimeter (dm^3), Kubikmeter (m^3).

Die Umrechnungszahl ist **1000.**

32 m^3 = 32 **000** dm^3 = 32 000 **000** cm^3
67 **000** mm^3 = 67 cm^3

Als häufige Mengeneinheit für **Hohlmaße** benutzt man auch Liter (l) oder Milliliter (ml). Dabei gilt:
1 ml = 1 cm^3 → 1 l = 1000 cm^3 = 1 dm^3

32 dm^3 = 32 l = 32 000 ml
6500 cm^3 = 6500 ml = 6,5 l

Die Umrechnungszahl ist **10.**

1 l = 1**0** dl = 10**0** cl = 100**0** ml

Rechnen mit Währungen

Zur Angabe eines Geldbetrags gehören stets Maßzahl und **Währungseinheit.**

Die Einheiten der in der Europäischen Union gültigen Währung sind **Euro** (€) und **Cent** (ct). In der Schweiz gelten **Schweizer Franken** (SFr) und **Rappen.**

1 € = 100 ct
345 ct = 3 € 45 ct (gemischte Schreibweise)
= 3,45 € (Dezimalschreibweise)

Die Umrechnungskurse schwanken und sind jeweils nur tagesaktuell gültig.

Rechnen mit Gewichtsangaben

Übliche **Gewichtseinheiten** sind: Tonne (t), Kilogramm, (kg), Gramm (g) und Milligramm (mg).

Die Umrechnungszahl ist **1000.**

1 t = **1000** kg; 1 kg = **1000** g;
1 g = **1000** mg
Ein Salzkorn wiegt etwa 1 mg, ein Marienkäfer ungefähr 1 g, ein Liter Wasser 1 kg, ein Kleinwagen etwa 1 t.

Rechnen mit Zeitenangaben

Folgende **Zeitangaben** werden unterschieden: Jahr (a), Monat, Woche, Tag (d), Stunde (h), Minute (min), Sekunde (s).

Für die Zeiteinheiten gelten **unterschiedliche Umrechnungszahlen.**

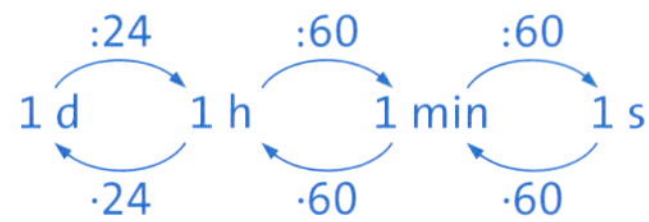

Beim Rechnen mit Zeitangaben unterscheidet man zwischen Zeitpunkt und Zeitspanne.

Zeitpunkt: Arbeitsbeginn um 7.50 Uhr
Zeitspanne: tägliche Arbeitszeit 7:45 h

Um einen **Zeitpunkt** (eine bestimmte Uhrzeit) zu berechnen,
- werden zunächst die vollen Stunden addiert oder subtrahiert und
- anschließend die restlichen Minuten.

Der Arbeitstag beginnt um 7.50 Uhr und dauert 7:45 Stunden. Zusätzlich gibt es 45 Minuten Pause. Wann ist Feierabend?
→ 7:45 h = 7 h 45 min + 45 min (Pause)
→ Verbleib im Betrieb: 8 h 30 min
→ 7.50 h + 8 h = 15.50
15.50 h + 30 min = 16.20 h → Feierabend ist um 16.20 Uhr.

Um eine **Zeitspanne** (die Zeit zwischen zwei Zeitpunkten) zu berechnen,
- wird zuerst bis zur nächsten (vollen) Stunde ergänzt,
- dann werden die vollen Stunden addiert und
- zuletzt die restlichen Minuten addiert.

Wie lange dauert das Theaterstück?
Es beginnt 19.50 Uhr und endet 21.55 Uhr.
19.50 h + **10 min** = 20.00 h

20.00 h + **1 h** = 21.00 h

21.00 h + **55 min** = 21.55 h
↓

Um mehrere **Zeitspannen** zu **addieren** oder zu **subtrahieren,** müssen alle in derselben Einheit angegeben sein.

10 min + **1 h** + **55 min** =
10 min + 60 min + 55 min = 125 min
= 2 h 5 min
Das Theaterstück dauert 2 h 5 min.

2.1 Einheiten umrechnen

1 Rechnen Sie jeweils in die angegebene Einheit um. Notieren Sie in den Kästchen die entsprechende Umrechnungszahl.

a) ___ km	☐	→ 12,89 m	→ ☐	___ cm
b) ___ t	☐	→ 65 000 kg	→ ☐	___ g
c) 2,34 km	☐	→ ___ m	→ ☐	___ mm
d) ___ a	☐	→ 130,7 m²	→ ☐	___ cm²
e) ___ SFr	≈ 1,48	→ 23,46 €	→ ☐	___ ct
f) 2,80 dm³	☐	→ ___ cm³	→ ☐	___ mm³
g) ___ d	☐	→ 48 h	→ ☐	___ s
h) 23:56:07 h	☐	→ ___ min	→ ☐	___ s
i) ___ dm³	☐	→ 12,89 l	→ ☐	___ cm³

PRAXISTIPP Kürzel innerhalb der Einheiten

c *(centi)* steht für **hundertstel:** 1 cm ist ein hundertstel Meter
→ 1 cm = 0,01 m; 1 cl ist ein hundertstel Liter → 1 cl = 0,01 l

m *(milli)* steht für **tausendstel:** 1 mm ist ein tausendstel Meter
→ 1 mm = 0,001 m; 1 ml ist ein tausendstel Liter → 1 ml = 0,001 l

h *(hekto)* steht für **hundert:** 1 hl = 100 l; 1 ha = 100 a

k *(kilo)* steht für **tausend:** 1 kg = 1000 g; 1 km = 1000 m; 1 kN = 1000 N

2 Setzen Sie das richtige Relationszeichen (<, =, >).

a) 61,5 min ___ 1 h 90 s
b) 5,876 kg ___ 0,005877 t
c) 56 ha ___ 5,7 a
d) 1234 ct ___ 13,98 €
e) 56,7 dm³ ___ 5679 ml
f) 0,75 € ___ 76 ct
g) 3:35:56 h ___ 215 min
h) 2 d 14 h ___ 3726 min
i) 0,32 m ___ 31 cm
j) 0,076 kg ___ 760 mg
k) 675 659 mm ___ 6,75 km
l) 23,4 l ___ 234 cm³

3 Geben Sie in einer sinnvollen Einheit an.

a) 5 t + 500 kg + 30 kg + 7 kg = 5537 kg

b) 398 € + 7689 ct = 474,89 Euro

c) 1 km^2 + 5 ha + 230 m^2 = ______

d) 45 € 8 ct + 43 ct = 45,51 Euro

e) 3 l + 65 dm^3 + 56 ml = 68,056 dm^3

f) 72 h + 120 min + 32 min + 56 s = ______

g) 345 km 506 m 54 cm + 5,7 km = 351,314 km

2.2 Rechnen mit Längen-, Flächen- und Volumenangaben

4 Schreiben Sie ohne Komma.

a) 67,54 dm = 6754 mm

b) 890,05 m^2 = ______

c) 9,331 km^2 = ______

d) 56,00335 km = ______

e) 640,229 ha = ______

f) 34,2 l = ______

PRAXISTIPP Mit gemischten Einheiten rechnen

Egal, ob Sie vor einer Aufgabe zu Aktienkursen, Bruttoregistertonnen einer Schiffsladung, zum Volumen eines Erdaushubs oder zum Benzinverbrauch für eine Firmenflotte stehen: Beim Rechnen mit gemischten Einheiten müssen alle Angaben in der **gleichen Einheit** stehen.
Die Kommaschreibweise können Sie umgehen, wenn Sie zuerst in die kleinste Einheit umrechnen und das Ergebnis zuletzt in einer sinnvollen Einheit angeben.

0,05 t + 2,5 kg + 348 g = 50 000 g + 2500 g + 348 g
= 52 848 g = 52,848 kg
= 0,052848 t (Diese Angabe ist zwar möglich, aber nicht sinnvoll.)

5 Berechnen Sie jeweils die fehlende Größe.

a) 86 cm – 81 mm = ______ mm
b) ______ km – 7650 m = 4350 m
c) 78 m^2 + ______ dm^2 = 100 m^2
d) 400 a + 70 000 000 m^2 = ______ ha
e) 600 cm^3 + ______ ml = 1,1 l
f) ______ cm^3 – 8790 mm^3 = 41,29 cm^3

6 Geben Sie das Ergebnis jeweils in der größten vorkommenden Einheit an. Arbeiten Sie in Ihrem Heft.

a) 0,3 km + 4592,1 m
b) 230 m^2 + 6,7 a
c) 9000 dm^3 – 7,5 m^3
d) 78,6 l + 34,4 cm^3 – 4500 ml
e) 4,06 m + 75 cm – 2006 mm
f) 55 ha – 478 a + 6500 m^2

7 Geben Sie das Ergebnis jeweils in der kleinsten vorkommenden Einheit an. Arbeiten Sie in Ihrem Heft.

a) 56,3 km + 120 m + 8908,3 m
b) 3420,4 cm + 10,5 m – 5679 mm
c) 45,5 m^2 + 1,23 a – 36 m^2
d) 690 000 mm^2 – 4,2 dm^2 + 350,8 cm^2
e) 80 cm^3 + 0,02 dm^3 + 6720 mm^3
f) 5002 dm^3 + 1,05 m^3 – 470 000 cm^3

8 Zerlegen Sie in größere bzw. kleinere Einheiten. Arbeiten Sie im Heft.
Beispiel: 3572 a = 35 ha 72 a

a) 94 561 cm^2
b) 32 840 m
c) 4780 dm^3
d) 77,45 km
e) 854,29 cm^3
f) 10,95 ha
g) 934,55 dm^3
h) 1,00078 km

9 Rechnen Sie um und vervollständigen Sie die Tabelle.

a) 3 dl	b) 40 dl	c) 350 l	d) ______ cl	e) 4 hl
______ ml	______ ml	______ ml	120 ml	______ cm^3

f) ______ hl	g) 800 ml	h) 1500 hl	i) ______ ml	j) 456 cl
1500 l	______ l	______ l	2,5 cl	______ hl

PRAXISTIPP Maßstab

Häufig ist bei Zeichnungen oder Karten der **Maßstab** angegeben. Mit seiner Hilfe muss man eine Abmessung auf der Zeichnung umrechnen, um zu erfahren, wie lang die Strecke in Wirklichkeit ist.

Ein typischer Maßstab etwa in Zeichnungen ist 1:100. Das bedeutet, 1 cm auf dem Papier entspricht 100 cm in Wirklichkeit. Ist eine Strecke auf dem Papier zum Beispiel 2,5 cm lang, so ist sie in der Realität 250 cm = 2,50 m lang.
Bei Straßenkarten findet man häufig einen Maßstab 1:100 000. Also 1 cm auf dem Papier entspricht 100 000 cm = 1000 m = 1 km in Wirklichkeit. Liegen auf einer solchen Karte zwei Orte 7 cm voneinander entfernt, so beträgt ihr Abstand in Wirklichkeit 7 km.

Straßenkarten für noch größere Gebiete verwenden einen Maßstab 1:300 000 oder gar 1:500 000. Dann entspricht 1 cm auf dem Papier 300 000 cm = 3000 m = 3 km bzw. sogar 5 km in Wirklichkeit.

10 Füllen Sie die Tabelle für den jeweils angegebenen Maßstab aus.

Wert auf der Karte	Maßstab	realer Wert		
2,5 cm	1: 10 000	______ cm	______ m	______ km
5,5 cm	1: 20 000	______ cm	______ m	______ km
14,3 mm	1: 50 000	______ cm	______ m	______ km
8,8 mm	1:100 000	______ cm	______ m	______ km
40 mm	1: 25 000	______ cm	______ m	______ km

2.3 Rechnen mit Währungen

11 Addieren bzw. subtrahieren Sie die Geldbeträge und geben Sie das Ergebnis in € an. Rechnen Sie in Ihrem Heft.

a) 3,45 € + 32,24 €

b) 7,60 € + 122 ct

c) 23,81 € + 40,31 € + 6,44 €

d) 139,40 € + 55 € + 799 ct

e) 6 € 67 ct + 5,01 € + 9 € 22 ct

f) 45,12 € – 12,67 € – 25,99 €

g) 470 € – 225,85 € – 207,77 €

h) 8903,42 € – 3412 € – 29,77 € – 199 €

i) 165 ct – 8,76 € + 39,87 €

j) 34,07 € – 678 ct – 89,07 € + 1265 ct

12 Ordnen Sie die folgenden Geldbeträge aufsteigend der Größe nach.

0,75 €; 123 ct; 23 € 10 ct; 10,23 €; 1230 ct; 10 € 3 ct

____

13 Bearbeiten Sie in Ihrem Übungsheft.

a) Welchen Geldbetrag erhält man, wenn man von allen gültigen Euromünzen je eine Münze bekommt?

b) Wie viel fehlt dann noch, um 10 € zu erhalten?

c) Geben Sie 10 Möglichkeiten an, um 6,52 € passend zu bezahlen.

14 Franziska möchte sich ein Mountainbike kaufen. Es kostet 626 €. Sie hat 397,23 € gespart. Von ihrem Opa bekommt sie 50 € und von den Eltern 100 € geschenkt. Die Patentante gibt ihr 40 €. Leider schuldet Franziska ihrem Bruder noch 23,29 €.

a) Welcher Betrag fehlt Franziska noch, um das Rad kaufen zu können?

b) Franziska bekommt jede Woche 5 € Taschengeld. Wie lange muss sie sparen, bis sie sich das Mountainbike leisten kann?

15 Das Ehepaar Tempel kommt von einem USA-Urlaub zurück. Der Flug für beide hat 1230 € gekostet, das Hotel berechnete 1600 US$. Der Leihwagen kostete 750 US$. Vorher hatten sie 1200 US$ eingetauscht und restlos verbraucht. Wie viel Euro hat der gesamte Urlaub gekostet?
Umrechnungskurs: 1 US$ ≈ 0,639 € ($ = Dollar)

2.4 Rechnen mit Gewichtsangaben

16 Rechnen Sie in die angegebene Einheit um.

a) 65 000 kg = ________ t	b) 17 g = ________ mg
c) 178 000 g = ________ kg	d) 135 t = ________ kg
e) 45 kg = ________ mg	f) 1 111 000 kg = ________ t
g) 11 t = ________ g	h) 235 000 mg = ________ g

17 Wandeln Sie durch Kommaverschiebung in die angegebene Einheit um.

a) 567,1 kg = ______ t
b) 2,347 g = ______ mg
c) 51,9 t = ______ kg
d) 78,9 g = ______ kg
e) 965,7 mg = ______ g
f) 1,3 t = ______ g
g) 345,67 mg = ______ kg
h) 365,78 g = ______ kg

18 Berechnen Sie ohne Taschenrechner. Arbeiten Sie im Heft.

a) 23 t + 456 kg
b) 0,05 t + 2,5 kg + 348 g
c) 0,678 kg + 780,9 g + 14 398 mg
d) 0,65 kg + 97 860 mg
e) 0,078 t + 12567 g
f) 0,3 g + 1 kg + 7 mg
g) 0,005 t – 3 000 000 mg
h) 76 kg – 760 g – 940 000 mg
i) 0,7 t – 3 kg
j) 23 g – 23 mg

19 Multiplizieren Sie und markieren Sie das richtige Ergebnis farbig. Manchmal stimmen mehrere Lösungsvarianten.

a) 5 · 6,1 kg	=	30,5 kg	30,1 kg	3050 g
b) 2 · 3,4 g	=	6800 mg	6,8 g	6,9 g
c) 7 · 1,95 t	=	13 650 kg	13,78 t	13 655 kg
d) 8 · 0,9 g	=	72 g	7,2 g	7200 mg
e) 15 · 5,7 g	=	85 500 mg	85,6 g	0,08565 kg
f) 25 · 1,3 t	=	32,55 t	32,5 t	32 501 kg
g) 4 · 190,62 g	=	763,487 g	762,48 g	762 480 mg
h) 365 · 7,8 kg	=	2,847 t	28 477 kg	2847 kg

20 Dividieren Sie schriftlich in Ihrem Heft. Denken Sie an die Regeln zum Dividieren von Dezimalzahlen (↑ Seite 8).

a) 2,1 kg : 3 = ______
b) 3,5 g : 5 = ______
c) 1,8 t : 6 = ______
d) 0,75 g : 15 = ______
e) 4,2 g : 7 = ______
f) 12,1 t : 11 = ______

2.5 Rechnen mit Zeitangaben

21 Rechnen Sie in die angegebene Einheit um.

a) 14 h = 840 min
b) 50 min = 3000 s
c) 240 s = 4 min
d) 7 d = 168 h
e) 2880 min = ______ d
f) 21 600 s = ______ h
g) 3 d = 4320 min
h) 62 min = ______ s

22 Markieren Sie identische Zeitangaben jeweils in derselben Farbe.

4 h 15 min | 1 h 2 min | 167 s | 5,5 h
45 000 s | 61,5 min | 49 h | 3 d 18 h | 2 h 14 min 30 s
12,5 h | 134,5 min | 5 h 30 min | 3720 s
2 d 60 min | 5400 min | 2 min 47 s | 1 h 90 s | 255 min

23 Addieren bzw. subtrahieren Sie die Zeitangaben und geben Sie das Ergebnis in einer sinnvollen Einheit an. Rechnen Sie im Heft und notieren Sie, welche Lösung zu welcher Aufgabe passt. Achten Sie genau auf die Rechenzeichen.

a) 3 h + 7,5 h + 22 h
b) 20 h + 1 d 18 h + 6,5 d – 30h
c) 2 h 45 min + 5 h + 12 h 15 min – 8 h 30 min
d) 2 d 15 h 13 min – 36 h 12 min + 3 d 30 min
e) 4 d 11 h – 19 h – 6 h + 1 d 9 h
f) 2 Wochen + 5 d + 12 h + 360 min
g) 3 h 10 min 25 s + 47 min 33 s – 1 h 8 min 22 s
h) 23 h 55 min + 2 h 3 min 7 s

7 d 20 h	
11,5 h	
4 d 3h 31 min	
32,5 h	a)
2 Wochen 5 d 18 h	
115 h	
1 d 1 h 58 min 7 s	
2 h 49 min 36 s	

24 Drei Auszubildende unterhalten sich nach einem Wochenende, wann sie am Samstag ins Bett gegangen und am nächsten Morgen aufgestanden waren. Geben Sie in Stunden und Minuten an, wie viel Zeit jeder im Bett verbracht hat.

Uhrzeit beim Schlafengehen	Uhrzeit beim Aufstehen	Zeitspanne im Bett
21.42 Uhr	9.35 Uhr	11, 53
22.06 Uhr	7.15 Uhr	9, 9
23.05 Uhr	12.33 Uhr	13, 28

2.6 Vermischte Aufgaben

25 Lösen Sie folgende Textaufgaben in Ihrem Heft. Notieren Sie jeweils die entsprechenden und vollständigen Antwortsätze.

a) Ein Sack Zement wiegt 50 kg (= 1 Zentner). Wie viele Säcke Zement kann ein Lastwagen transportieren, dessen zulässiges Gesamtgewicht (inklusive Ladung) 18 t beträgt, wenn er leer 5800 kg wiegt?

b) Die Auszubildenden an der Fachschule für Hauswirtschaft sollen für den neuen Konferenztisch eine Tischdecke nähen. Der Tisch ist 110 cm breit und 2,95 m lang. Die neue Tischdecke soll an jeder Seite 20 cm herunterhängen. Zusätzlich müssen für den Saum an jeder Seite 3 cm zugegeben werden. Wie viel Quadratmeter Stoff müssen die Auszubildenden einkaufen und was kostet der Stoff, wenn der Quadratmeterpreis bei 14,25 € liegt?

c) Die Transsibirische Eisenbahn fährt auf der fast 10 000 km langen Strecke von Wladiwostok nach Moskau. Die Bahn fährt am Sonntag um 17.35 Uhr Ortszeit in Wladiwostok ab und erreicht Moskau am darauffolgenden Samstag um 16.44 Uhr Ortszeit. Der Zug durchfährt 7 Zeitzonen, d.h., in Wladiwostok gehen die Uhren gegenüber den Uhren in Moskau um 7 Stunden vor. Wie lang ist der Zug unterwegs? Geben Sie die Zeit in Tagen, Stunden und Minuten an.

PRAXISTIPP Ein Bruchteil von etwas

Durch die Multiplikation mit einem Bruch können Sie bestimmen, wie viel ein **Anteil** an einer Sache ausmacht. Das Wort **„von"** müssen Sie einfach als **Malzeichen** übersetzen.

$\frac{2}{3}$ **von** 12 € sind 8 €, denn: $\frac{2}{3} \cdot 12 = \frac{2}{3} \cdot \frac{12}{1} = \frac{24}{3} = \frac{8}{1} = 8$

Auch einen **Anteil an einem Anteil** können Sie durch die Bruchmultiplikation bestimmen.

$\frac{3}{10}$ **von** $\frac{5}{2}$ Liter sind $\frac{3}{4}$ Liter, denn: $\frac{3}{10} \cdot \frac{5}{2} = \frac{15}{20} = \frac{3}{4}$

d) Herr Schulze verkauft über einen Immobilienmakler ein 18 m breites und 27 m langes Grundstück in guter Lage zu einem Quadratmeterpreis von 162 €. Welchen Preis erzielt er? Der Käufer muss zusätzlich $\frac{1}{8}$ des Kaufpreises an den Makler zahlen. Wie viel bezahlt der neue Besitzer? Der Makler muss von seinem Honorar $\frac{1}{4}$ Steuern zahlen. Wie hoch ist sein tatsächlicher Verdienst?

____

____

e) Ein Landschaftsgärtner schickt seine Auszubildenden allein auf eine Baustelle. Der Auftrag lautet: Familie Grün will eine neue Terrasse anlegen. Sie soll 8 m lang und 5 m breit werden. Herr Grün wünscht sich quadratische Platten mit einer Seitenlänge von 50 cm. Wie viele Platten werden benötigt? Die Terrasse soll außerdem mit Kantensteinen eingefasst werden, die jeweils 1 m lang sind. Wie viele dieser Kantensteine muss die Firma besorgen?

____

____

26 Bei einem Betriebsausflug erreichte der schnellste Bus nach 1 h 15 min 56 s (1:15:56) das Ziel. Ermitteln Sie jeweils die Zeitdifferenz zu dieser Fahrzeit. Die vier nachfolgenden Busse kamen nach folgenden Zeiten am Ziel an:

1:17:43 ____________ 1:22:57 ____________

1:26:04 ____________ 1:27:31 ____________

3 Terme und Gleichungen

Terme

Ein Term ist ein **Rechenausdruck,** der einen Sachverhalt mathematisch darstellt. Er besteht aus sinnvoll zusammengesetzten Zahlen, Variablen und Rechenzeichen (+, –, ·, :). Mithilfe von **Klammern** wird ein Term gegliedert.

Terme sind: $7 + 3$; $27 : 20$

Keine Terme sind: $15 + 3 > 12 - 5$;
$1 + a = 3x = 35$

$7 \cdot a - (7 - 3{,}5) \cdot 5 + (a + 3)$

Variablen

Für unbekannte Zahlen oder Größen können eine oder verschiedene Variablen als Platzhalter eingesetzt werden. Man spricht von einem **Term mit Variable(n).** In der Regel werden als Variablen Buchstaben verwendet.
Setzt man bestimmte Zahlen für eine Variable ein, dann nimmt der Term einen bestimmten **Wert** an.

In der Klasse der Kfz-Mechaniker gibt es 18 männliche und keinen weiblichen Azubi, in der Klasse der Hotelfachschüler sind es 19 weibliche und 11 männliche Azubis.
Wie viele junge Männer und Frauen besuchen die beiden Klassen?
Variablen: Jungen = b; Mädchen = a
Term: $18b + 0a + 11b + 19a = 29b + 19a \rightarrow$ 29 männliche und 19 weibliche Azubis
Wie viele Azubis sind das insgesamt?
Variablen: Azubis = f
Term: $18f + 11f + 19f = 48f \rightarrow$ 48 Azubis

Rechenregeln

Beim Rechnen gelten **Rechenregeln:**

- **Klammern** werden zuerst berechnet. Bei geschachtelten (mehreren) Klammern wird die innere zuerst berechnet.

$9 - [7 - \underbrace{(2 + 3)}] =$
$9 - \underbrace{[7 - 5]} =$
$9 - 2 = 7$

- Die **Potenzrechnung** wird vor der Punkt- und Strichrechnung ausgeführt.

$2 \cdot 5^3 = 2 \cdot 125 = 250$

- **Punktrechnungen** werden **vor Strichrechnungen** ausgeführt.

$35 + 2 \cdot 10 = 35 + 20 = 55$
$63 : 7 - 2 \cdot 4 = 9 - 8 = 1$

- Fehlen die Klammern, wird **von links nach rechts** gerechnet.

$35 - 13 + 17 = 22 + 17 = 39$

Gleichungen

Soll ein Term einen bestimmten Wert annehmen, so schreibt man ihn als **Gleichung** mit einem **Gleichheitszeichen** (=). Auch zwei Terme, die durch ein Gleichheitszeichen verbunden sind, bilden eine Gleichung.

$35 + 2 \cdot 10 = x$;
$35 - 13 + 17 = 22 + 17$

- Jede Gleichung hat eine linke und eine rechte Seite (jeweils links und rechts vom Gleichheitszeichen).

$35 - 13 + 17 = 22 + 17$
linke Seite rechte Seite

- Setzt man für die **Variable (Unbekannte)** eine Zahl ein, so entsteht eine **wahre** oder eine **falsche Aussage.**

falsche Aussage: $7 + x = 22$ mit $x = 7$, denn $7 + 7 \neq 22$
wahre Aussage: $162 : 18 = x$ mit $x = 9$, denn $162 : 18 = 9$

- Alle Zahlen, die man in eine Gleichung einsetzen darf, gehören zur **Grundmenge G.**

Für welchen Teiler t der Zahl 12 gilt $12 : t = 4$? $\rightarrow G = \{1; 2; 3; 4; 6; 12\}$, denn dies sind alle Teiler der Zahl 12

- Zahlen aus der Grundmenge G, welche die Gleichung beim Einsetzen zu einer wahren Aussage machen, heißen **Lösungen** der Gleichung. Alle Lösungsmöglichkeiten zusammen bilden die **Lösungsmenge L.**

$L = \{3\}$, denn $12 : 3 = 4$

Man unterscheidet lineare und quadratische Gleichungen (↑ S. 38).

Ungleichungen

Bei einer **Ungleichung** steht anstelle des Gleichheitszeichens das **Relationszeichen** „kleiner als" (<) oder „größer als" (>).

$x - 17 < -2$

- Bei einer Ungleichung können mehrere Lösungen auftreten.

$L = \{x \mid x < 15\}$ z. B. 3, 7, ..., denn
$3 - 17 < -2$, weil $-14 < -2$;
$7 - 17 < -2$, weil $-10 < -2$

- Die Lösungsmenge linearer Ungleichungen lässt sich auf der Zahlengeraden veranschaulichen.

$L = \{x \mid x < 15\}$

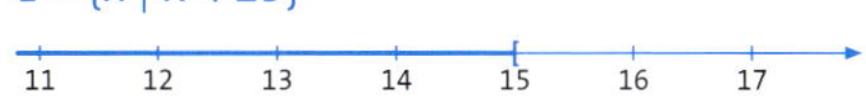

Terme und Gleichungen aufstellen

Vorgehen beim Darstellen eines Sachverhalts als Term oder Gleichung:

Die Kosten für einen Ausflug der Auszubildenden betragen zusammen 1200 Euro. Die Fahrtkosten in Höhe von 740 Euro zahlt der Betrieb. Der Rest wird als Eigenanteil auf die 23 Auszubildenden (Azubis) verteilt.

1. Für unbekannte Zahlen oder Größen setzt man eine oder verschiedene **Variablen** (z. B. x, y; P für Preis) ein. Bei Formeln verwendet man das Formelzeichen (z. B. h für Höhe) der gesuchten Größe.

k = Gesamtkosten; f = Fahrtkosten;
a = Eigenanteil jedes einzelnen Azubis

2. Man überlegt, welche bekannten (Zahlen) und unbekannten Größen (Variablen) man mit welcher **Rechenoperation** in Beziehung setzt.

„zusammen" heißt addieren;
„verteilen" heißt dividieren;
für „größer als" setzt man „>" ein.

Oft enthält ein Term mehrere Rechenoperationen, die man verknüpfen muss. Entsprechend der **Rechenvorschrift** wird der Term oder die Gleichung formuliert.

$k = f + a \cdot 23$;
$k = 1200$, $f = 740$, unbekannt ist a

3. Zum Lösen setzt man für die Variablen die bekannte(n) Zahl(en) ein.

$1200 = 740 + 23 \cdot a$

Eine Zahl, die als Faktor mit der Variablen multipliziert wird, heißt **Koeffizient.** Ein Koeffizient steht immer *vor* der Variablen. Malpunkte zwischen einem Koeffizienten und der Variablen oder zwischen zwei Variablen dürfen weggelassen werden. Der Koeffizient 1 wird meist nicht notiert.

$23 \cdot a \rightarrow$ Koeffizient ist 23

$23 \cdot a = 23a$

$4 \cdot x \cdot y = 4xy$
$1 \cdot x = x$

Terme und Gleichungen lösen

Die Lösung(en) einer Gleichung oder den Wert eines Terms ermittelt man durch geschicktes und gezieltes Probieren, durch Überlegen, durch die Umkehrrechnung (Rückwärtsrechnen) oder durch eine Umformung (↑ S. 37).

zusammenfassen: $10 + 13 + 2 + x = 30$
$\rightarrow 25 + x = 30$

überlegen: $25 + x = 30$
$\rightarrow$ bis 30 fehlen 5

Umkehrrechnung: $30 - 25 = x \rightarrow x = 5$

Terme vereinfachen

Durch **Ordnen** und **Vereinfachen** kann man einen Term übersichtlicher gestalten und **umformen,** denn Summanden/Faktoren dürfen **vertauscht** werden. Ebenso kann man die **Reihenfolge der Rechenschritte ändern.**

Klammern auflösen:
$3d + 2b + 7d - 5e^2 - 7a + 3d - (-4a)$
$= 3d + 2b + 7d - 5e^2 - 7a + 3d + 4a$

ausmultiplizieren: $1 + 3(2x - 2) = 3$
$1 + 6x - 6 = 3$

ordnen:
$-7a + 4a + 2b + 3d + 7d + 3d - 5e^2$

zusammenfassen: $-3a + 2b + 13d - 5e^2$

Zuerst werden die **Klammern aufgelöst** oder ausmultipliziert. Dann **ordnet** man die Variablen (alphabetisch) und nach der Höhe der Potenz. *Gleiche* Variablen mit *gleichen Hochzahlen* dürfen addiert bzw. subtrahiert werden, indem man die Koeffizienten addiert bzw. subtrahiert. Der Wert des umgeformten Terms ändert sich nicht. Er ist **äquivalent** (gleichwertig).

$3x + 6y - 2y + x + 3x^2$ ist das Gleiche wie $4x + 4y + 3x^2$,
denn nach Umformung folgt:
$3x + 6y - 2y + x + 3x^2$
$= (3x + x) + (6y - 2y) + 3x^2$
$= 4x + 4y + 3x^2$

Gleichungen und Ungleichungen umformen und lösen

Durch **Äquivalenzumformungen** kann man auch eine **Gleichung umformen:** Zuerst werden die Terme rechts und links der Gleichung vereinfacht, wenn möglich. Dann wird auf **beiden Seiten** der Gleichung die gleiche Zahl (der gleiche Term), aber niemals die Null, addiert bzw. subtrahiert, multipliziert bzw. dividiert (Umkehrrechnung). Dadurch wird die **Variable** auf einer der beiden Seiten **isoliert (nach x aufgelöst),** um die Lösung direkt abzulesen. Die Umformungsschritte werden rechts der Gleichung hinter einem senkrechten Strich notiert. Gleichheitszeichen schreibt man untereinander.

Aus „plus“ wird „minus“ und aus „minus“ wird „plus“.
Aus „mal“ wird „geteilt“ und aus „geteilt“ wird „mal“.

$12x - 7 = 149 \quad | +7$
$12x = 149 + 7$
$12x = 156 \quad | :12$
$x = 156 : 12$
$x = 13$

Ungleichungen werden genauso gelöst bzw. umgeformt wie Gleichungen. **Ausnahme:** Wenn man mit einer **negativen Zahl multipliziert** oder **durch eine negative Zahl dividiert,** wird das **Relationszeichen umgedreht.**

$2x - 5 > 33 \quad | +5$
$2x - 5 + 5 > 33 + 5$
$2x > 38 \quad | :2$
$x > 19$
$\rightarrow L = \{x \mid x > 19\}$

Die Lösungsmenge notiert man so: $L = \{x \mid x < a\}$ bzw. $L = \{x \mid x > a\}$. (Die Menge aller x, die kleiner bzw. größer als a sind.)

$-2x > 10 \quad | :(-2)$
$-2x : (-2) < 10 : (-2)$
$x < -5$
$\rightarrow L = \{x \mid x < -5\}$

Lineare Gleichungen

Lineare Gleichungen mit **einer Variablen** lassen sich durch Äquivalenzumformungen immer auf folgende Form bringen: $a \cdot x + b = 0$.
Sie haben entweder
- genau eine Lösung,
- keine Lösung oder
- unendlich viele Lösungen.

$740 + 23x = -1200 \mid + 1200$
$23x + 1940 = 0$
$ax + b = 0$

Lineare Gleichungen mit **zwei Variablen** lassen sich auf folgende Form bringen: $a \cdot \mathbf{x} + b \cdot \mathbf{y} = c$.
Sie haben stets
- unendlich viele Lösungen und
- jede Lösung besteht aus einem Zahlenpaar $(x \mid y)$.

$5b + 8(a + b) + 4b + 0a = 17$
$5b + 8a + 8b + 4b = 17$
$8a + 17b = 17$
$ax + by = c$

Quadratische Gleichungen

Eine Gleichung $ax^2 + bx + c = 0$ mit $a \neq 0$ heißt **allgemeine Form** der quadratischen Gleichung.
Vereinfacht man die Koeffizienten $\frac{b}{a} = p$ und $\frac{c}{a} = q$, führt dies zur **Normalform:** $x^2 + px + q = 0$
In diese Normalform muss vor dem Lösen stets umgewandelt werden.

ax^2 nennt man quadratisches Glied,
bx nennt man lineares Glied,
c nennt man absolutes Glied.

Von der allgemeinen Form:
$5x^2 + 10x + 5 = 0 \mid :5$
kommt man zur Normalform der Gleichung: $x^2 + 2x + 1 = 0$

p-q-Formel

Gleichungen in der Normalform löst man mithilfe der 1. oder 2. binomischen Formel, wenn $q = \left(\frac{p}{2}\right)^2$.

Ist dies nicht der Fall, muss man eine **quadratische Ergänzung** vornehmen und anschließend die 1. oder 2. binomische Formel anwenden:

$x^2 + px + q = 0$

$x^2 + 2 \cdot \frac{p}{2} \cdot x = -q \mid + \left(\frac{p}{2}\right)^2$ (quadratische Ergänzung)

$x^2 + 2 \cdot \frac{p}{2} \cdot x + \left(\frac{p}{2}\right)^2 = \left(\frac{p}{2}\right)^2 - q \mid$ (1. binomische Formel)

$\left(x + \frac{p}{2}\right)^2 = \left(\frac{p}{2}\right)^2 - q$

$\left(x + \frac{p}{2}\right)^2 - \left[\left(\frac{p}{2}\right)^2 - q\right] = 0 \mid$ 3. binomische Formel

$\left[\left(x + \frac{p}{2}\right) + \sqrt{\left(\frac{p}{2}\right)^2 - q}\,\right] \cdot \left[\left(x + \frac{p}{2}\right) - \sqrt{\left(\frac{p}{2}\right)^2 - q}\,\right] = 0$

Einer der Faktoren muss null sein:

$\left(x + \frac{p}{2}\right) + \sqrt{\left(\frac{p}{2}\right)^2 - q} = 0$ oder

$\left(x + \frac{p}{2}\right) - \sqrt{\left(\frac{p}{2}\right)^2 - q} = 0$

Das ergibt die **p-q-Formel,** mit der man quadratische Gleichungen in der Normalform lösen kann:

$x_1 = -\frac{p}{2} + \sqrt{\left(\frac{p}{2}\right)^2 - q}$; $x_2 = -\frac{p}{2} - \sqrt{\left(\frac{p}{2}\right)^2 - q}$

$L = \{x_1; x_2\}$

Der Ausdruck unter der Wurzel

$\left(\frac{p}{2}\right)^2 - q = D$ heißt **Diskriminante.**

D „entscheidet" über die Anzahl der Lösungen.

1. binomische Formel:
$a^2 + 2ab + b^2 = (a + b)^2$
2. binomische Formel:
$a^2 - 2ab + b^2 = (a - b)^2$
3. binomische Formel:
$(a + b) \cdot (a - b) = a^2 - b^2$

$x^2 + 6x + 5 = 0$

$x^2 + 2 \cdot 3x = -5 \mid + 3^2$ (quadratische Ergänzung)

$x^2 + 2 \cdot 3x + 3^2 = 3^2 - 5 \mid$ 1. binomische Formel

$(x + 3)^2 = 3^2 - 5$

$(x + 3)^2 - (3^2 - 5) = 0 \mid$ 3. binomische Formel

$\left[(x + 3) + \sqrt{3^2 - 5}\right] \cdot \left[(x + 3) - \sqrt{3^2 - 5} = 0\right]$

Einer der Faktoren muss null sein:

$\left[(x + 3) + \sqrt{3^2 - 5}\right] = 0$ oder

$\left[(x + 3) - \sqrt{3^2 - 5}\right] = 0$

$x_1 = -3 + \sqrt{3^2 - 5}$ $\quad x_2 = -3 - \sqrt{3^2 - 5}$

$x_1 = -3 + \sqrt{4} = -1$ $\quad x_2 = -3 - \sqrt{4} = -5$

$L = \{-1; -5\}$

Anzahl der Lösungen:
D = 0: eine (doppelte) Lösung;
D > 0: zwei Lösungen
D < 0: keine reelle Lösung

3.1 Terme aufstellen und berechnen

1 Berechnen Sie den Wert der Terme.

a) $-17 + (18 - 6)$ ________ b) $-16 - (14 - 13)$ ________

c) $\frac{2}{3} - \left(\frac{1}{4} - \frac{1}{3}\right)$ ________ d) $-(111 + 14) - 16$ ________

e) $2{,}5 - (-1{,}5 - 2{,}7)$ ________ f) $-\frac{4}{5} - (0{,}2 - 2)$ ________

g) $7 - (7 - 3{,}5) \cdot 5 + (4 + 3)$ ________ h) $19 - [7 - (2 + 3)] \cdot 2$ ________

2 Berechnen Sie im Heft. Markieren Sie, welche Terme den gleichen Wert haben.

a) $4 \cdot 25 + 3 \cdot 4 - 10^2$ b) $-[-4 \cdot 25 + 3 \cdot (-4) + (-10)^2]$

c) $2 + \left[\left(\frac{1}{2} + \frac{1}{2}\right) \cdot (-2) + 11\frac{1}{2}\right]$ d) $\frac{3}{8} \cdot 24 \cdot (10 - 1) - 3 \cdot 13$

3 Was bedeutet was? Ordnen Sie die folgenden Begriffe der richtigen Grundrechenart zu.

~~vervielfachen~~ • summieren • um 28 kleiner als • zu gleichen Teilen • ~~die Hälfte von~~ • ausgeben • verlängern • ~~vermindern~~ • zusammenfassen • auf 109 erhöhen • ~~abziehen~~ • dreimal so viel • um 804 größer als • ~~das Doppelte~~ • halbieren • vermehren • vierteln • das Achtfache • verringern • wegnehmen • verkleinern • weniger als • verdreifachen • abgeben • Produkt • der zehnte Teil

addieren	subtrahieren	multiplizieren	dividieren
	vermindern abziehen	vervielfachen das Doppelte	die Hälfte von

4 Formulieren Sie die beschriebenen Sachverhalte als Term. Berechnen Sie den Wert.

a) Aydin addiert 34 zum Produkt aus 12 und 9.

Term: ____________________ Wert: ____________________

b) Max dividiert die Summe aus 35 und 25 durch ihre Differenz.

Term: ____________________ Wert: ____________________

c) Anja subtrahiert 195 vom Produkt aus der größten und der kleinsten dreistelligen Zahl.

Term: ____________________ Wert: ____________________

5 Formulieren Sie in Ihrem Heft zu jeder Recheneinheit zwei mögliche Terme, berechnen Sie die fehlende Größe und tragen Sie diese ein. Denken Sie an die Verwendung von Variablen und an die Umkehrrechnung.

a)
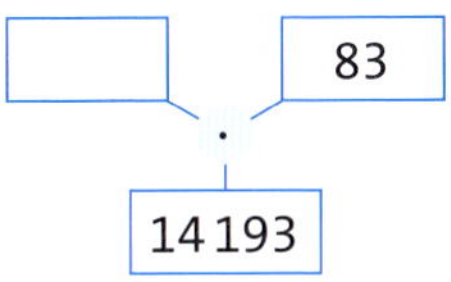

b)
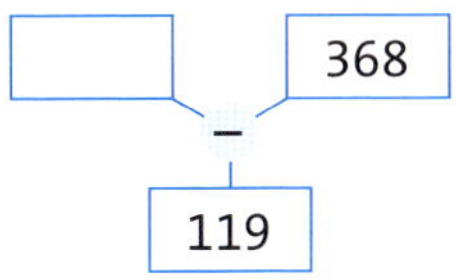

c)
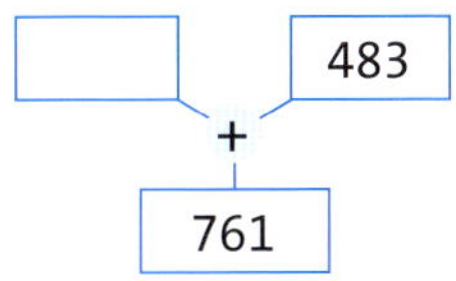

d)
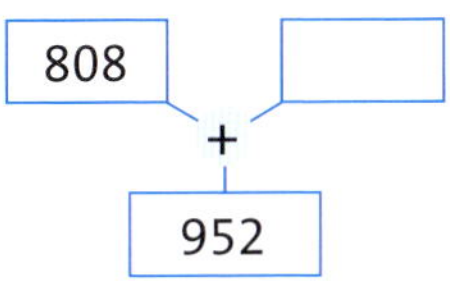

e)
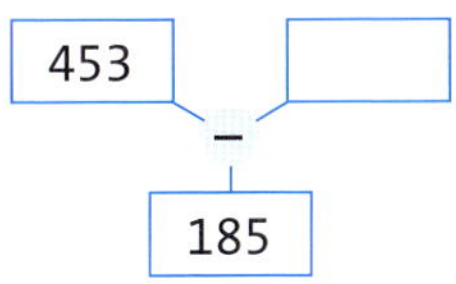

f)
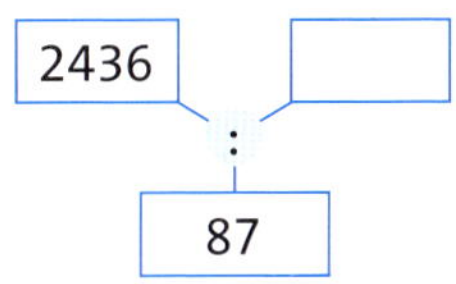

6 Welche Terme sind äquivalent (gleichwertig)? Verbinden Sie die Kästen.

a) $5d - 4 - d$	b) $5 \cdot d - 3 \cdot d$
c) $(-3) \cdot d - 4 + 6d - 1$	d) $2d - 8 + 2d + 4$
e) $6 \cdot d$	f) $3 \cdot d + (1 - d)$
g) $d + 2 \cdot d - 5$	h) $(1 - d) + 3 \cdot d$
i) $2 \cdot d - 1 + 1$	j) $2d - 5 + d$

3.2 Gleichungen aufstellen

7 Entwickeln Sie in Ihrem Übungsheft aus den Formulierungen Gleichungen. Verwenden Sie die Variablen x und y. Setzen Sie dann für x die Zahl 9 ein und berechnen Sie y. Die Lösungen stehen unten.
Schreiben Sie so: eine Zahl vervierfachen: $4 \cdot x = y$; $x = 9 \rightarrow 4 \cdot 9 = y \rightarrow y = 36$

a) um 28 kleiner
b) das Drittel
c) die Hälfte
d) davon 7 ausgeben
e) um 5 verlängern
f) vermindert um 89
g) Vorgänger
h) auf 23 erhöhen
i) das Doppelte
j) 67 abziehen
k) um 804 vergrößern
l) halbieren
m) auf 98 vermehren
n) vierteln
o) das Achtfache
p) um 3 verringern
q) nichts wegnehmen
r) der fünfte Teil
s) 84 weniger
t) Nachfolger
u) verdreifachen
v) auf 30 zusammenfassen
w) die Gegenzahl von –39 hinzufügen
x) vom Quadrat die Hälfte
y) dreimal so viel dazurechnen
z) das Produkt aus Vorgänger und Nachfolger

80	–19	72	6	2	–75	8	14	89
36	21	10	–80	1,8	4,5	48	–58	
3	40,5	4,5	9	18	27	14	813	2,25

8 Stellen Sie eine Gleichung mit x als Variable auf. Bestimmen Sie die gesuchte Zahl.

a) Das Dreifache der gesuchten Zahl ergibt 54. ______________

b) Das Doppelte einer Zahl ist –112. ______________

c) Das Fünffache einer Zahl vermindert um 7 ergibt 8. ______________

d) Der erste Summand der Summe 48 ist doppelt so groß wie der zweite.

____

3.3 Gleichungen umformen und lösen

PRAXISTIPP **Eine Gleichung als Waage**

Eine Gleichung ist wie eine Waage, die stets im Gleichgewicht bleiben muss. Wenn Sie auf der einen Seite der Gleichung etwas hinzufügen (addieren), so müssen Sie auf der anderen Seite das Gleiche hinzufügen (addieren), damit die Waage im Gleichgewicht bleibt.
Ebenso müssen Sie vorgehen, wenn Sie etwas entfernen (subtrahieren) wollen. Schließlich können Sie die Gleichung auch mit einer Zahl multiplizieren oder dividieren, aber stets muss die Waage im Gleichgewicht bleiben, also müssen Sie auf beiden Seiten des Gleichheitszeichens multiplizieren bzw. dividieren.

9 Das Bild zeigt eine Waage, in deren Waagschalen große und kleine Dosen gestapelt sind. Eine kleine Dose wiegt 100 g.

a) Bestimmen Sie durch geschicktes Wegstreichen und Überlegung das Gewicht einer großen Dose.

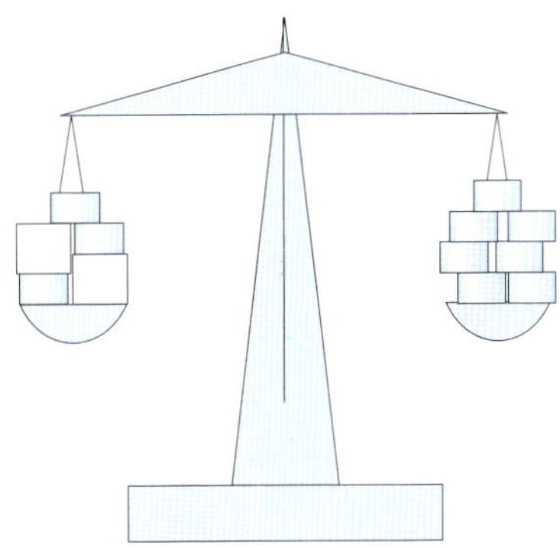

b) Stellen Sie eine passende Gleichung zur Abbildung auf, mit der Sie das Gewicht einer großen Dose berechnen können.

c) Bestimmen Sie durch Äquivalenzumformungen die Lösung der Gleichung und führen Sie eine Probe durch.

d) Wie schwer wäre eine große Dose, wenn eine kleine Dose 150 g wiegen würde?

10 Berechnen Sie die Variable durch Umformung. Die Lösungen stehen unten.

a) $60 + 3a = 4 + 5a$ b) $50 - b \cdot 3 = -2b - 3$ c) $308 - 11c = 8 + c$

d) $75 - d \cdot 5 = -30 + 10d$ e) $8 + 3e = e \cdot 5 - 4$ f) $4 = 62 - (3f + 4)$

g) $-4 + 6g = -2g + 180$ h) $5h = 45 - (-2h + 3)$ i) $1 - 2(3i - 8) = 5$

j) $-2 - 2(-6j - 9) = 76$ k) $k : 8 = 5 : 4$ l) $21 : 3 = l : 24$

10	53	25	7	6	2	168	18	23	5	14	28

PRAXISTIPP **Zur Sicherheit: Die Probe**

Um ein ermitteltes Ergebnis auf seine Richtigkeit zu überprüfen, setzen Sie die Lösung anstelle der Variablen in die Gleichung (Ungleichung) ein und rechnen die linke und rechte Seite der Gleichung aus. Dann vergleichen Sie.

$1{,}5x - 2{,}25 = 0{,}75 - 0{,}5x \rightarrow L = \{1{,}5\}$
Probe links: $1{,}5 \cdot 1{,}5 - 2{,}25 = 0$
Probe rechts: $0{,}75 - 0{,}5 \cdot 1{,}5 = 0$
$0 = 0 \rightarrow$ Das Ergebnis ist richtig.

11 Lösen Sie die Gleichungen durch Äquivalenzumformung nach der Variablen und führen Sie anschließend eine Probe durch. Arbeiten Sie in Ihrem Übungsheft. Notieren Sie unten, welche Aufgabe zu welcher Lösung passt.

a) $2x + 25 = 47$ b) $29{,}2 - 2x = 21 - 5{,}3$ c) $\frac{4}{7}a + \frac{2}{7}a - 1 = 23$

d) $256 - 19y = 123$ e) $4 \cdot (u - 3{,}25) = u + 112$ f) $777 - \frac{m}{88} = 688$

g) $-9 \cdot x - 18{,}2 = 13{,}3$ h) $-2x - 4x + 17 = x - 4$ i) $\frac{3}{2} \cdot x - \frac{1}{2} = 11\frac{3}{4}$

11	a)	$8\frac{1}{6}$		6,75		28		7	
3		$41{,}\overline{6}$		−3,5		7832			

3.4 Ungleichungen

12 Geben Sie die Lösungsmengen der Ungleichungen an.

a) $x - 17 < -2 \rightarrow$ L = { ______ }

b) $-2x + 12 > -1024 \rightarrow$ L = { ______ }

c) $-3{,}8 - 3x < 121{,}2 + 2x \rightarrow$ L = { ______ }

d) $5 \cdot (1{,}1 - x) \geq -40{,}5 - 2{,}7x \rightarrow$ L = { ______ }

e) $21 + 2 \cdot (-7 + x) > 2 \cdot (3 + x) \rightarrow$ L = { ______ }

f) $3 \cdot (-1 + x) > 3 \cdot (333 + x) - 1000 \rightarrow$ L = { ______ }

3.5 Textgleichungen und Sachaufgaben

13 Unterstreichen Sie zuerst, welche Angaben, Größen oder Werte für die Beantwortung der aufgestellten Fragen *tatsächlich notwendig* sind. Stellen Sie dann eine Gleichung oder Teilgleichungen auf und lösen Sie diese.

a) Ein Fahrradhändler verkauft 144 Fahrräder und nimmt insgesamt 38 930 € ein. Davon sind 35 Herrenräder zu je 319 € und 79 Damenfahrräder zu je 285 €. Die übrigen verkauften Fahrräder sind zu gleichen Teilen blaue, rote und gelbe Kinderräder mit gleichem Preis. Wie viel kostet ein Kinderfahrrad? **Hinweis:** Wenn Sie keine Gesamtgleichung finden, rechnen Sie in Teilschritten.

b) Der Lieferwagen eines Getränkehändlers kann insgesamt 65 Getränkekisten transportieren. Bis zur ersten Lieferadresse sind es 15 km, zur zweiten sind es weitere 12 km. Auf halber Strecke liegt der „Getränkehandel Schmid“, der 120 Kisten kauft. Der Lieferwagen verlässt an einem Tag 13-mal vollbeladen das Getränkelager. Wie viele Kisten wurden ausgeliefert?

c) Endlich: Tom hat im Betrieb seiner Lehrstelle Briefmarkenfans gefunden, denn er will seine Sammlung auflösen. Unter 2 anderen Azubis und 4 Angestellten teilt er seine Briefmarkensammlung gleichmäßig auf. Einer der Angestellten, Herr Walz, hat eine Sammlung für seinen Enkel begonnen. Zusammen mit seinen bisher 95 Briefmarken erhöht Herr Walz diese Sammlung damit auf eine Gesamtzahl von 114 Marken. Die Hälfte davon sind Marken aus Frankreich. Wie viele Marken hatte Tom in seiner Sammlung?

d) Herr Schneider kauft drei Kästen Mineralwasser mit 12 Flaschen zu je 4,55 € pro Kasten und einen Kasten Saft für 5,98 € mit 6 Flaschen. Für jede Flasche werden 15 ct Pfand berechnet, zusätzlich muss ein Kistenpfand von 1,50 € bezahlt werden. Dafür gibt Herr Schneider aber auch einen kompletten Kasten mit leeren Mineralwasserflaschen und 10 Einzelflaschen zurück. Wie viel Wechselgeld erhält er, wenn er mit einem 50-Euro-Schein bezahlt?

14 Die Summe zweier natürlicher Zahlen beträgt 120. Wie lauten die Zahlen, wenn …

a) die eine Zahl doppelt so groß ist wie die andere? ____________________

b) die eine Zahl 5-mal so groß ist wie die andere? ____________________

c) die eine Zahl ein Drittel der anderen Zahl ist? ____________________

3.6 Mit Formeln rechnen

15 Lösen Sie folgende Probleme aus der Geometrie.

a) Ein Rechteck mit Umfang 72 cm ist doppelt so lang wie breit. Fertigen Sie eine Skizze an, wählen Sie x als die Länge der kürzeren Seite und ermitteln Sie die Seitenlängen.

b) Ein Quader hat eine Kantenlänge von insgesamt 440 cm. Der Quader ist doppelt so lang wie breit und 3-mal so breit wie hoch. Berechnen Sie die Kantenlängen des Quaders. (**Hinweis:** Gesamtkantenlänge = 4l + 4b + 4h)

16 Ein Unternehmen stellt quaderförmige Plastikboxen her. Die Boxen sollen doppelt so lang wie breit und 30 cm hoch sein.

a) Welchen Flächeninhalt hat der Boden der Box, wenn sein Umfang 210 cm beträgt?

b) Welche Maße muss die Box haben, wenn ihr Volumen 37 500 cm^3 betragen soll? (**Hinweis:** V = a · b · c)

PRAXISTIPP **Eine Gleichung für verschiedene Fragestellungen**

In der Praxis ist es nützlich, wenn Sie sich nur eine Gleichung oder Formel merken und diese nach der jeweils gesuchten Größe umstellen.

Beispiel: Für eine Bewegung mit konstanter Geschwindigkeit v gilt:

$v = \frac{s}{t} \;|\cdot t \rightarrow v \cdot t = s \;|: v \rightarrow t = \frac{s}{v}$

Dabei bedeuten s = zurückgelegte Strecke und t = Zeit.
Beispiel: Ein Außendienstmitarbeiter muss zu einem Kundenbesuch. Er fährt mit einer durchschnittlichen Geschwindigkeit $v = 60\,\frac{km}{h}$, der Kunde ist 75 km entfernt. Wie lange braucht der Mitarbeiter für die Strecke?

$v = \frac{s}{t} \rightarrow t = \frac{s}{v} = \frac{75\text{ km}}{60\,\frac{km}{h}} = 1{,}25\text{ h} = 1\text{ h }15\text{ min}$

Ein anderer Außendienstmitarbeiter fährt 75 Minuten lang mit einer durchschnittlichen Geschwindigkeit von $90\,\frac{km}{h}$. Welche Strecke legt er zurück?

$v = \frac{s}{t} \rightarrow s = v \cdot t = 1{,}25\text{ h} \cdot 90\,\frac{km}{h} = 112{,}5\text{ km}$

3.7 Quadratische Gleichungen

17 Gegeben ist eine quadratische Gleichung der Form: $x^2 - q = 0$. Kreuzen Sie für q das Zutreffende an und bestimmen Sie die Anzahl der Lösungen, ohne zu rechnen.

	$q > 0$	$q < 0$	$q = 0$	Anzahl der Lösungen
a) $x^2 - 17 = 0$	☒	☐	☐	________
b) $x^2 + 5 = 0$	☐	☐	☐	________
c) $x^2 = 0$	☐	☐	☐	________
d) $x^2 = -\sqrt{3}$	☐	☐	☐	________

18 Wandeln Sie die quadratischen Gleichungen in die Normalform um.

a) $3x^2 - 3x + 2 = 0$ ________________

b) $-x^2 + 17x - 5 = 0$ ________________

c) $2x(x - 1) = 4(x + 9)$ ________________

19 Berechnen Sie mithilfe der binomischen Formeln.

a) $(3x + 7)^2$ = ________________

b) $(4a - 5b)^2$ = ________________

c) $(6c + 4d) \cdot (6c - 4d)$ = ________________

20 Kreuzen Sie die Gleichungen an, die direkt mithilfe der 1. oder 2. binomischen Formel gelöst werden können. Lösen Sie die übrige(n) Gleichung(en) mithilfe der quadratischen Ergänzung. Arbeiten Sie im Heft und tragen Sie Ihr Ergebnis ein.

a) $x^2 + 7x + 49 = 0$ ☐ ________________ L = {________}

b) $x^2 - 4x + 5 = 0$ ☐ ________________ L = {________}

c) $8x = -16 - x^2$ ☐ ________________ L = {________}

4 Zuordnungen, Proportionalität und Dreisatz

Zuordnungen

Beziehungen zwischen Größen aus zwei Mengen kann man mathematisch durch **Zuordnungen** beschreiben. Dabei wird einem konkreten Wert x ein anderer Wert y zugeordnet. Es entsteht ein **Wertepaar (x|y).**

Eine Zuordnung wird häufig durch eine allgemeine **Zuordnungsvorschrift** festgelegt: **x → y.**
Wenn **jedem Wert nur ein Wert zugeordnet** ist, dann ist die **Zuordnung eindeutig.**

eindeutige Zuordnung: Der Menge eingekauften Mehls durch Bäcker Franz wird der jeweilige Preis zugeordnet:

Menge (x-Wert)	↦	Preis (y-Wert))
1 kg Mehl	↦	0,23 €
3 kg Mehl	↦	0,69 €
100 kg Mehl	↦	23,00 €

Die Wertepaare sind: (1 | 0,23); (2 | 0,46); (3 | 0,69); ...; (100 | 23,00); ...

Zuordnungsvorschrift: $x \mapsto 0{,}23 \cdot x$; $y = 0{,}23 \cdot x$

Zuordnungen darstellen

Zuordnungen kann man durch Tabellen, Pfeile, verschiedene Diagramme, Grafiken, Texte oder als Punkte in einem Koordinatensystem darstellen.

Schüler → **Ausbildungsberuf**
Jan → Kfz-Mechaniker
Lisa → Mediengestalterin
Max → Bankkaufmann
Mara → Schreinerin

Graphen von Zuordnungen

Verbindet man die Punkte im Koordinatensystem durch eine Linie, erhält man den **Graph** einer Zuordnung.

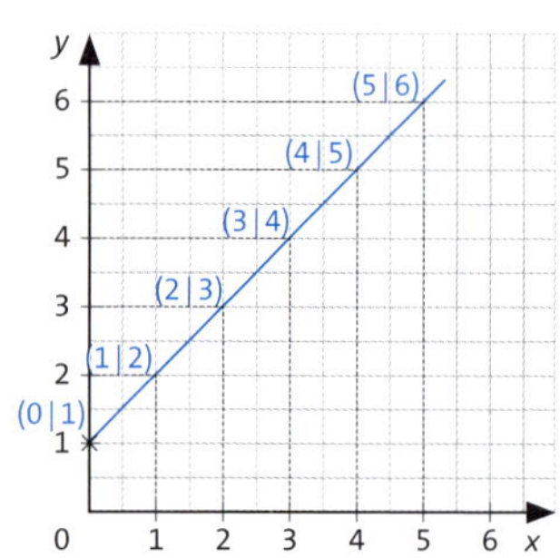

- Die **Eigenschaften** einer Zuordnung lassen sich dadurch gut ablesen.
- Am Graphen kann man zu jedem Wert der ersten Größe (x-Wert) den ihm zugeordneten Wert der zweiten Größe (y-Wert) ablesen.

Eigenschaften: Sind die Werte positiv oder negativ, groß oder klein; fallen sie ab oder steigen sie an?

Direkte Proportionalität

Ordnet man dem n-Fachen der ersten Größe auch das n-Fache der zweiten Größe zu, ist die Zuordnung **direkt proportional.**
Es gilt die Faustregel: „Je mehr → desto mehr" (im gleichen Verhältnis).

Die Zuordnungsvorschrift hat die Form:
$x \mapsto n \cdot x$ oder $y = n \cdot x$.

Der **Quotient** (n) jedes einzelnen Wertepaares ist **immer gleich:**

$\frac{y}{x} = \frac{nx}{x} = n$.

1. Größe (x) ↦ 2. Größe (y)
dem Doppelten ↦ das Doppelte
der Hälfte ↦ die Hälfte

Beim n-Fachen der Anzahl benötigter Schrauben (x) wird der n-fache Preis (y) fällig.
2 Schrauben (x) kosten 0,80 € (y)
6 Schrauben (x) kosten 2,40 € (y)

Quotient $\frac{y}{x}$: $\frac{0{,}80}{2} = 0{,}40$; $\frac{2{,}40}{6} = 0{,}40$

Indirekte Proportionalität

Ordnet man dem n-Fachen der ersten Größe den n-ten Teil der zweiten Größe zu, ist die Zuordnung **indirekt** bzw. **umgekehrt proportional.**
Es gilt die Faustregel: „Je mehr → desto weniger" (im umgekehrten Verhältnis).

Die Zuordnungsvorschrift hat die Form:

$y = \frac{n}{x}$.

Das **Produkt** (n) jedes einzelnen Wertepaares ist **immer gleich:**
$x \cdot y = n$.

1. Größe (x) ↦ 2. Größe (y)
dem Doppelten ↦ die Hälfte
der Hälfte ↦ das Doppelte

Teilen sich 3 Azubis (x) die Kosten einer Taxifahrt in Höhe von 15,00 €, zahlt jeder ein Drittel, also 5,00 € (y). Erhöht sich die Fahrgemeinschaft auf 5 Mitfahrer (x), verringert sich der Anteil auf ein Fünftel der Gesamtkosten, also 3,00 € (y).
Produkt $x \cdot y$: $3 \cdot 5{,}00 = 15{,}00$;
$5 \cdot 3{,}00 = 15{,}00$

Graphen direkter und indirekter Proportionalität

Im Koordinatensystem liegt der **Graph einer direkt proportionalen** Zuordnung auf einer **Geraden.**
Der **Graph einer indirekt proportionalen** Zuordnung liegt auf einer Kurve, die man **Hyperbel** nennt.

Direkt proportionale Zuordnungen sind lineare Gleichungen (↑ Seite 35 f.).

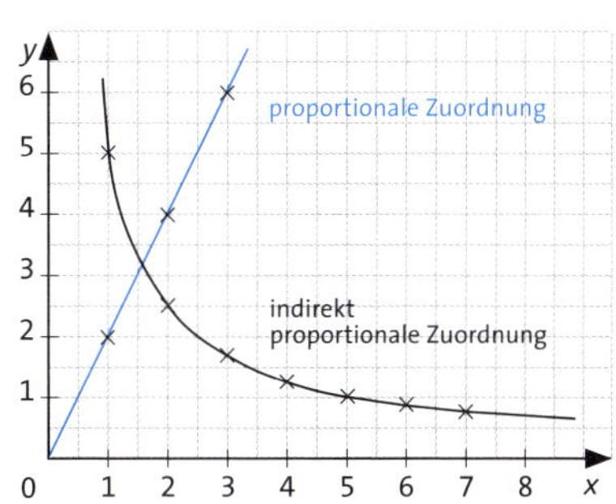

Dreisatz

Den **Dreisatz** wendet man für die Berechnung zueinander proportionaler Zuordnungen an.

Bei **direkter Proportionalität** schließt man durch Dividieren vom Vielfachen auf die Einheit (das Einfache) und durch Multiplizieren von der Einheit (vom Einfachen) auf das Vielfache.

Bei **indirekter Proportionalität** schließt man durch Multiplizieren auf die Einheit (das Einfache) und durch Dividieren von der Einheit (vom Einfachen) auf das Vielfache.

	Brötchen	Preis	
	8	3,60 €	
: 8	1	0,45 €	: 8
· 15	15	6,75 €	· 15

	Tage	Reisekasse	
	4	420 €	
: 4	1	1680 €	· 4
· 6	6	280 €	: 6

Verhältnisformel für die direkte Proportionalität

Sind drei von vier Größen einer **direkt proportionalen Zuordnung** bekannt, so lässt sich durch die **Verhältnisformel** stets die vierte unbekannte Größe ermitteln, denn alle Größen stehen im direkten bzw. im gleichen Verhältnis zueinander. Dies entspricht der Umformung einer linearen Gleichung.

Wenn sich x_1 zu y_1 genauso verhält wie x_2 zu y_2, so kann man dies auch in Bruchschreibweise darstellen:

$\frac{x_1}{y_1} = \frac{x_2}{y_2}$.

Setzt man die gegebenen Größen in die Formel ein, gilt: Die schräg zueinander liegenden **gegebenen** Größen werden multipliziert und danach durch die dritte **gegebene** Größe dividiert. Das Ergebnis entspricht der **fehlenden** Größe.

Anwendungsbeispiele: alle proportionalen Zuordnungen, lineare Gleichungen (↑ Seite 35 f.), Prozent- und Zinsrechnung (↑ Seite 62 ff.)

80 Schrauben verhalten sich mit einem Preis von 33,60 Euro wie 150 Schrauben zum Preis von x €.

$\frac{2.:80}{33{,}60\ €} \overset{1.\cdot}{=} \frac{150}{3.= x\ €} \rightarrow$

1. (33,60 € · 150) 2. : 80 3. = x € → x = 63,00 €

Zinssatz: 3,5 %, Guthaben: 1000 € = 100 %; gesucht: Zinsen

$\frac{1000\ €}{100\ \%} = \frac{x\ €}{3{,}5\ \%} \rightarrow$

1. (1000 € · 3,5 %) 2. : 100 € 3. = x € → x 35 €

Tipp: Über und unter dem Bruchstrich stehen jeweils dieselben Einheiten.

4.1 Zuordnungen

1 27 Auszubildende berichten über die Betriebsgröße ihres Lehrbetriebs: 14 Auszubildende arbeiten in einem Betrieb mit mehr als 1500 Mitarbeitern, bei 8 Auszubildenden beschäftigt der Betrieb mehr als 500 Mitarbeiter, 3 Auszubildende arbeiten in einem Betrieb mit mehr als 100 Angestellten und 2 in einem Kleinbetrieb mit weniger als 10 Mitarbeitern.

a) Notieren Sie, welche Zuordnung durch den Text beschrieben wird.

____________ ↦ ____________ ______

b) Vervollständigen Sie die Tabelle und stellen Sie die Zuordnung somit dar.

Anzahl ___				

PRAXISTIPP **Mittelwerte**

Sind Werte, wie z.B. Preise, schwankend, dann können Sie **Mittelwerte** (den Durchschnitt) errechnen. Dazu addieren Sie alle Werte und teilen die Summe durch die Anzahl der Summanden.

Beispiel: Schwankende Bäckerpreise in der Stadt:
Menge (x-Wert) ↦ Preis (y-Wert)
1 Brötchen ↦ 0,40 €
1 Brötchen ↦ 0,43 €
1 Brötchen ↦ 0,41 €
Summe ↦ 1,24 € → Division durch 3 → 1,24 : 3 = $0{,}41\overline{3}$ €
Im Durchschnitt kostet 1 Brötchen ≈ 0,41 €.

2 Im Kochkurs der Hotelfachschüler wird die bestgeeignete Brötchensorte für das Prüfungsmenü gesucht. Dazu wurde bei mehreren Bäckern eingekauft. Stellen Sie im Heft eine mögliche Zuordnung grafisch dar, die den Einzelpreis berücksichtigt. Was kostete ein Brötchen im Durchschnitt?

4 Vollkornbrötchen Bäcker Frenzel: 2,08 € • 5 Tafelbrötchen Bäcker Frenzel: 1,55 € • 3 Sesambrötchen Bäcker Krause: 1,14 € • 1 Mohnbrötle Bäcker Pfrommer: 0,38 € • 2 Laugenstangen Bäcker Melter: 1,22 € • 4 Vollkornbrötchen Bäcker Kusterer: 2,12 € • 6 Joggingwecken Bäcker Kusterer: 3,06 € • 2 Schrippen Bäcker Piefke: 0,44 € • 12 Semmeln Bäcker Kmetsch: 3,12 € • 4 Tafelbrötchen Bäcker Krümel: 1,24 €

3 Die Auszubildenden der Klasse der Hotelfachschüler haben die Zuordnung *Hobby* ↦ *Anzahl der Auszubildenden* ihrer Klasse in einem Pfeildiagramm dargestellt.

a) Wie viele Auszubildende sind in der Klasse der Hotelfachschüler? ____

b) Stellen Sie die Zuordnung des Pfeildiagramms im Säulendiagramm dar.

Fußball	↦	10
Karate	↦	3
Computerspiele	↦	5
Musikband	↦	4
Literatur	↦	2

4 Der Wasserstand des Löschbeckens der Feuerwehr verändert sich durch die unterschiedlichen Einsätze täglich. Die Tabelle gibt an, um wie viele Zentimeter (cm) der Wasserstand an unterschiedlichen Tagen von der durchschnittlichen Wasserhöhe abweicht.

Tag	1	3	5	7	9	11	13	15
Wasserstand (in cm)	+15	+7,5	+2,5	0	−7,5	−12,5	−5	+5

a) Vervollständigen Sie den Graphen der Zuordnung *Tag* ↦ *Wasserstand* und verbinden Sie die einzelnen Punkte durch eine Linie miteinander.

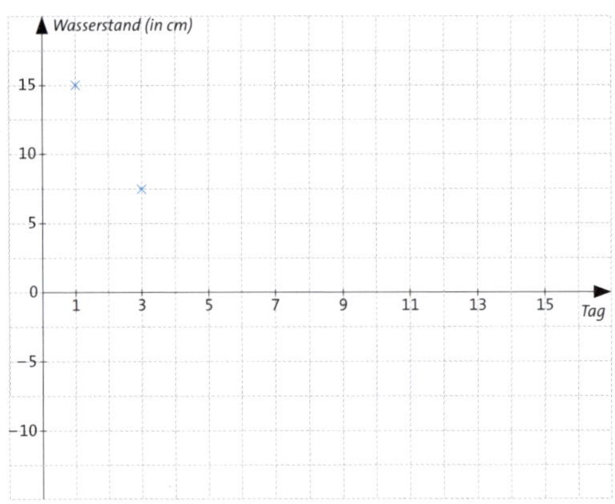

b) Lesen Sie aus dem entstandenen Graphen ab,
... an welchen Tagen der Wasserstand unter/über dem durchschnittlichen Wert lag.
... an welchen Tagen der Wasserstand genau dem durchschnittlichen Wert entsprach.
... wie hoch der ungefähre Wasserstand am 4. Tag bzw. am 10. Tag war.

4.2 Proportionalität

5 Kreuzen Sie an, wann bei den beschriebenen Sachverhalten eine Proportionalität vorliegt.

	proportional	nicht proportional
a) Das Gewicht eines Neugeborenen beträgt am 3. Lebenstag 3200 g. Am 2. Geburtstag wird das Kind erneut gewogen.	☐	☐
b) Herr Schulz tankt 12 Liter Sprit für 15,84 €. Nebenan zapft ein Mann Sprit und erhält eine Tankrechnung über 68,64 €.	☐	☐
c) Ein Leichtathlet stößt die 2-kg-Kugel auf eine Rekordweite. Im nächsten Wettkampf wird mit der 4-kg-Kugel gestoßen.	☐	☐
d) „Die Zinsen für den Anlagesparplan sind nicht schlecht", denkt Herr Steinbrück und legt gleich die doppelte Summe an.	☐	☐

6 Tragen Sie in den Klammern ein, ob es sich bei den gegebenen Sachverhalten um eine direkte oder um eine indirekte Proportionalität handelt.

a) Ein Maler braucht für den Anstrich von 10 m^2 Wand 5 Liter Farbe. Das Zimmer hat eine Wandfläche von 36 m^2. (____________________)

b) Eine Reisegruppe mit 6 Personen nimmt auf ihre Wüstentour insgesamt 60 Liter Wasser mit. Plötzlich stoßen noch zwei Teilnehmer dazu. Der Wasservorrat wird nicht erhöht. (____________________)

c) Peter braucht 34 Minuten mit dem Fahrrad zum Lehrbetrieb. Mit dem Auto wäre er doppelt so schnell. (____________________)

d) Das Erstlingsstück der angehenden Schneiderinnen, eine Tischdecke aus preiswertem Stoff, wird so begeistert umjubelt, dass der Betrieb beschließt, 100 Exemplare aus diesem Stoff als Werbegeschenke für gute Kunden herzustellen. Die Materialkosten blieben nämlich exakt kalkulierbar, meint der Chef. (____________________)

7 Ergänzen Sie die Tabelle für eine direkt proportionale Zuordnung mithilfe der Formel $\frac{y}{x} = n$.

Größe x	25	1		2
Größe y	40		16	

8 Ergänzen Sie die Tabelle für eine indirekt proportionale Zuordnung mithilfe der Formel $y \cdot x = n$.

Größe x	16		10	
Größe y	4	32		10

9 Ermitteln Sie durch Zeichnen der jeweiligen Graphen der Zuordnungen, ob es sich um eine direkt oder indirekt proportionale Zuordnung handelt. Nutzen Sie das Koordinatensystem auf Seite 55. Vervollständigen Sie dann die Tabelle. Wenn Sie einzelne Werte nicht exakt ablesen können, dann berechnen Sie diese.

a) n = ________________ Es liegt: ________________ Proportionalität vor.

x	5		3	9	0	
y	10	14	6	18	0	4

b) n = ________________ Es liegt: ________________ Proportionalität vor.

x	4	6	8	12	16	24
y		20	15	10	7,5	

c) n = ________________ Es liegt: ________________ Proportionalität vor.

x	0	1	2	4	8	
y	0	1,25		5		11,25

10 Monika muss mit ihrem Mofa zum Tanken fahren. Für 6,60 € hat sie letztes Mal 6 Liter bekommen. Jetzt kostet ein Liter Benzin 1,15 €. Wie viel muss sie nun für 6 Liter bezahlen?

____

11 Rechnen Sie zuerst im Heft: Setzen Sie für x einmal die Zahl 1, einmal die Zahl 2 und einmal die Zahl 3 ein und tragen Sie die ermittelten Wertepaare (x | y) als Punkte in das Koordinatensystem unten ein. Verwenden Sie eine andere Farbe als in Aufgabe 9. Setzen Sie y = 0, dann erhalten Sie den Schnittpunkt mit der x-Achse.

a) $y = 5 \cdot x + 2$ P1 (__|__) P2 (__|__) P3 (__|__)

b) $y = 1 - 2 \cdot x$ P1 (__|__) P2 (__|__) P3 (__|__)

c) $y = x$ P1 (__|__) P2 (__|__) P3 (__|__)

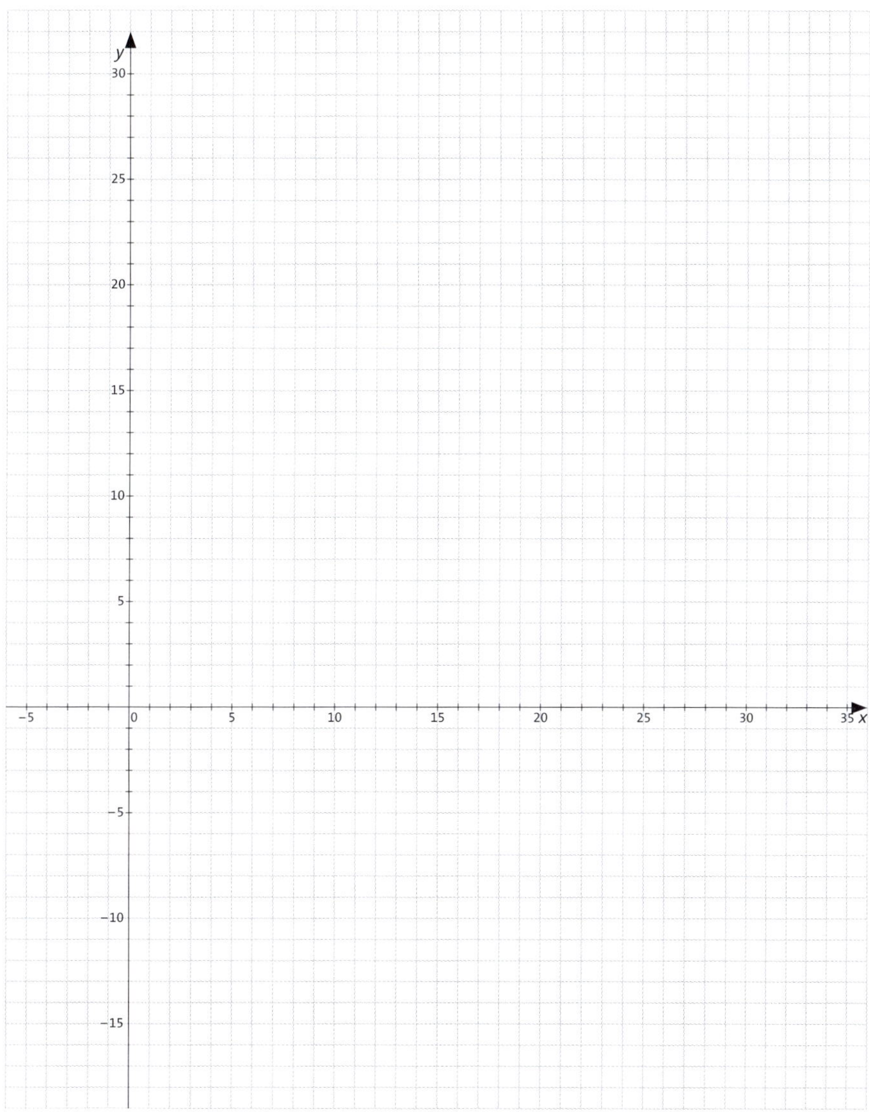

4.3 Dreisatz

12 42 Liter Benzin kosten 51,24 €. Wenden Sie den Dreisatz an.

a) Wie viel kosten 35 Liter? b) Wie viele Liter erhält man für 47,58 €?

13 Berechnen Sie mithilfe des Dreisatzes: 3220 Liter Heizöl kosten 1178,52 €.

a) Wie viel kosten 4000 Liter? b) Wie viele Liter erhält man für 2031,30 €?

PRAXISTIPP **Aus der Küche: Mit dem Dreisatz Rezepturen umrechnen**

Für seinen Nachtisch benötigt der Koch laut Rezepturangabe für 4 Personen 6 Eier und 240 g Zucker. Für das Abendbuffet rechnet er aber mit 26 Personen. Wie viele Eier und wie viel Zucker benötigt der Koch?

Für 4 Personen werden 6 Eier und 240 g Zucker benötigt.
: 4 Für 1 Person werden 1,5 Eier und 60 g Zucker benötigt.
· 26 Für 26 Personen werden 39 Eier und 1560 g Zucker benötigt.

14 Die angehenden Industriekaufleute merken während ihres Einsatzes in der Einkaufsabteilung schnell: Manchmal macht „Kleinvieh" doch ziemlich viel Mist. Erst recht, wenn man große Mengen kauft. Vervollständigen Sie die Tabelle.

Preis für 6500 Schrauben	715 €			650 €
Preis für 1 Schraube		0,14 €		
Preis für 4750 Schrauben			1045 €	

15 Der Chef, Herr Schröder, fährt für eine Woche in Urlaub. Freundlicherweise hat sich seine Sekretärin, Frau Merkel, bereit erklärt, Schröders Katze zu füttern. Schröder weiß, dass seine Katze an zwei Tagen drei Dosen Katzenfutter frisst. Wie viele Dosen müssen vorhanden sein, damit Schröders Katze optimal versorgt ist?

16 Gekonnt ist gekonnt: Die meisten Fleisch- und Wurstverkäuferinnen sind offensichtlich ganz beseelt von dem Drang, das, was einmal auf der Waage liegt, unter allen Umständen zu verkaufen. „Darfs ein bisschen mehr sein?", „Es sind ein paar Gramm mehr, kann ich das so abwiegen?" sind typische Strategien, den Umsatz zu steigern. Die folgenden Aufgaben drehen sich um derartige Fragen aus dem Alltag. Rechnen Sie im Heft.

a) „Sonderangebot! Schnitzelfleisch, mager, 500 g nur 2,40 €" steht auf dem Schild über der Metzgertheke. 1250 g von diesem Angebot will Frau Mayer haben. „Es sind ein paar Gramm mehr", sagt die Verkäuferin, „ich darfs doch so lassen?" Und noch ehe Frau Mayer antworten kann, ist das Fleisch abgepackt. 6,12 € muss sie bezahlen. Wie viel „Gramm mehr" waren das?

b) 1,25 € kosten 100 g Salami. 300 g möchte Frau Sauer haben. „Es ist für 10 Cent mehr geworden", sagt die Verkäuferin. Wie viel Gramm Salami erhält Frau Sauer?

c) 350 g Aufschnitt zum Preis von 2,80 € wollte Herr Zimmer nur haben. „Es sind 30 g mehr geworden", sagt die Metzgerin. Wie viel muss er zahlen?

17 Ein Zahnrad dreht sich in 16 Sekunden 20-mal. Wie viele Sekunden braucht das Zahnrad für 70 Umdrehungen?

PRAXISTIPP **Aus der Backstube: der Rezepturfaktor**

Rezepturen in der Backstube beziehen sich häufig auf 1 kg Mehl. Um die benötigte Mehlmenge für eine bestimmte Teigmenge zu berechnen, muss die Mehlmenge berechnet werden. Dies geschieht mit dem Rezepturfaktor, den man über den Dreisatz erhält.

Beispiel: 1 kg Mehl liefert 1,8 kg Teig, benötigt werden aber 6 kg Teig. Wie viel Mehl wird benötigt und mit welchem Faktor müssen die angegebenen Zutatenmengen multipliziert werden?

1 kg Mehl liefert → 1,8 kg Teig

: 18 $\frac{1}{18}$ kg Mehl liefert 0,1 kg Teig (100 g)

· 60 $\frac{60}{18} = \frac{30}{9} = \frac{10}{3} \approx 3{,}3$ kg Mehl liefern 6 kg Teig.

Der Rezepturfaktor beträgt: $\frac{10}{3} = 3{,}3\overline{3}$. Man benötigt 3,3 kg Mehl für 6 kg Teig. Mit diesem Faktor müssen alle anderen Zutatenmengen multipliziert werden, um die benötigten Zutatenmengen zu erhalten.

18 Ein Schwertransporter legt eine bestimmte Strecke bei einer Durchschnittsgeschwindigkeit von 60 $\frac{km}{h}$ in genau 8 Stunden zurück. Denken Sie daran, eine Formel – viele Umformungsmöglichkeiten. Hinweis: $v = \frac{s}{t}$

a) Wie lange braucht er für dieselbe Strecke bei einer Durchschnittsgeschwindigkeit von 75 $\frac{km}{h}$?

b) Mit welcher Durchschnittsgeschwindigkeit muss er fahren, um dieselbe Strecke in 6 Stunden zurückzulegen?

19 Der neue Geländewagen von Herrn Gabriel verbraucht im Straßenverkehr durchschnittlich 10,5 Liter pro 100 km. Mit einer Tankfüllung schafft er damit 546 km. Nun fährt Herr Gabriel ins Gelände, dort steigert sich der Verbrauch auf 13 Liter pro 100 km. Wie weit käme er bei diesem Verbrauch mit einer Tankfüllung?

PRAXISTIPP **Einstellungstest: doppelter Dreisatz**

In Einstellungstests werden häufig Aufgaben gestellt, bei denen man den Dreisatz zweimal anwenden muss (doppelter Dreisatz).

Beispiel: Ein Arbeiter benötigt für eine Arbeit 2 Stunden, ein anderer benötigt für die gleiche Arbeit 3 Stunden. Wie lange brauchen sie beide zusammen?

Die Lösung gelingt hier schrittweise:
In 2 Stunden erledigt der erste Arbeiter die ganze Arbeit.

In 1 Minute erledigt der erste Arbeiter $\frac{1}{120}$ der Arbeit.

In 3 Stunden erledigt der zweite Arbeiter die ganze Arbeit.

In 1 Minute erledigt der zweite Arbeiter $\frac{1}{180}$ der Arbeit.

Beide zusammen schaffen in 1 Minute $\frac{1}{120} + \frac{1}{180} = \frac{3}{360} + \frac{2}{360}$

$= \frac{5}{360} = \frac{1}{72}$ der Arbeit.

Also schaffen sie beide zusammen in 72 Minuten die ganze Arbeit.

20 Anlässlich der Begrüßungsparty für die neuen Auszubildenden eines Großbetriebs soll die „Partykasse" geplündert werden. Der Inhalt würde ausreichen, um 44 Flaschen „Mini-Power-Drink" zum Preis von je 0,45 € einzukaufen. Man will aber doch lieber mit „Maxi-Power-Drink" auf die Neulinge anstoßen. Da kostet eine Flasche jedoch 0,55 €. Für wie viele Flaschen reicht der Inhalt der „Partykasse"?

21 Der Wasservorrat für eine 12-tägige Expedition durch die Wüste reicht für eine Gruppe von 15 Personen. Wie lange kann die Expedition unterwegs sein, wenn 6, 10 bzw. 20 Personen teilnehmen? Ergänzen Sie die Tabelle und finden Sie eine Zuordnungsvorschrift.

Anzahl Teilnehmer	15	1	6	10	20
Expeditionsdauer in Tagen	12				

22 Bei einem Metzger werden Frikadellen zu 1,25 € das Stück angeboten.

a) Notieren Sie, wie viel eine Platte mit 15 (20; 25; 35) Frikadellen kostet.

Anzahl der Frikadellen	1				
Preis in €					

b) Die Belegschaft einer Firma hat zu einer Feier Frikadellen für 60 € bestellt. Wie viel Euro muss jeder bezahlen, wenn sich 15 (20; 25; 30) Personen an den Kosten beteiligen? Füllen Sie die Tabelle aus.

Anzahl der Personen	1				
Kosten pro Person in €					

4.4 Verhältnisformel

23 Berechnen Sie mithilfe der Verhältnisformel. Denken Sie daran: Gleiche Einheiten stehen jeweils über und unter dem Bruchstrich. Verwenden Sie für die jeweils fehlende Größe die Variable x.

a) Tim und Leo haben als jahrgangsbeste Azubis jeder einen Bonus von 350,00 € bekommen und wollen das Geld aufs Sparbuch geben. Tim erhält 2,3 % Zinsen, Leo 2,5 %. Was kommt bei jedem nach einem Jahr raus?

______________________ x = ______________________

______________________ x = ______________________

(Fortsetzung Seite 60)

b) Der Kleinwagen von Herrn Kohl verbraucht im Stadtverkehr durchschnittlich 7,5 Liter pro 100 km. Mit einer Tankfüllung schafft er 540 km. Nun fährt Herr Kohl über Land, dort sinkt der Verbrauch auf 6,7 Liter pro 100 km. Wie weit käme er bei diesem Verbrauch mit einer Tankfüllung?

_______________ x = _______________

c) 20 Quadratmeter Teppichboden kosten 470,00 €. Wie viel Euro kosten 53 Quadratmeter?

_______________ x = _______________

4.5 Vermischte Anwendungs- und Textaufgaben

24 Das Dachgeschoss eines Einfamilienhauses soll ausgebaut werden. Geplant ist der Einbau von 8 Dachfenstern. Der Inhaber der Zimmerei überlegt, wie viele Mitarbeiter er auf die Baustelle schicken muss. 2 Gesellen brauchen zusammen für ein Fenster einen halben Arbeitstag (1 Arbeitstag = 8 h).

a) Wie viele Arbeitstage muss er kalkulieren, wenn er momentan lediglich 2 Gesellen für diesen Auftrag abstellen kann?

____

b) In welcher Zeit ist der Auftrag erledigt, wenn er 4 Mitarbeiter abstellt?

____

c) Die Auftraggeber sind im Zeitdruck, weil bereits andere Handwerker für andere Gewerke bestellt sind, und erwarten, dass die Fenster an einem Tag eingebaut sind. Wie viele Gesellen muss die Zimmerei zur Verfügung stellen?

____

d) Ohne Materialkosten und ohne Mehrwertsteuer wird die Zimmerei pro Gesellenstunde 34,00 Euro in Rechnung stellen. Welche Personalkosten kommen auf die Auftraggeber zu?

____

25 Für eine Wandfläche von 31 Quadratmetern hat Maler Johannsen exakt 16 Liter Farbe verbraucht. Für den gewählten Farbton hat er mit dieser Menge weißer Farbe genau 500 g Farbpigmentpulver vermischt. Nun soll das angrenzende Esszimmer mit einer Wandfläche von 27 Quadratmetern im selben Farbton gestaltet werden. Restfarbe ist nicht übrig, sodass Herr Johannsen neu mischen muss.

a) Wie viel Liter Farbe werden für das Esszimmer benötigt?

b) Wie viel Gramm Farbpigmentpulver muss der Maler vermischen, um denselben Farbton zu kreieren?

26 Eine Rolle mit 650 Metern Telefonkabel kostet 530 Euro. Wie viel Meter stellt ein Handwerker in Rechnung, wenn er für die Verlegung 230 Euro als Materialkosten berechnet?

27 Die Fenster für die neue Turnhalle wurden endlich angeliefert. Der Preis beläuft sich auf insgesamt 101 315,00 Euro. Vorher gab es im Gemeinderat heftige Diskussionen darüber, welches Glas die Fensterfirma einsetzen soll. Die jetzt verwendeten Fenster mit Supersicherheitsglas und UV-Schutz kosten pro Quadratmeter 230,00 Euro. Hätte man sich für eine Preisstufe niedriger entschieden, hätte der Quadratmeter 215,00 Euro gekostet.

a) Welche Fensterfläche wurde verbaut?

b) Was hätte man gespart, wenn man sich für die preiswerteren Gläser entschieden hätte?

28 Sechs Lastwagen mit einer Nutzlast von jeweils 7,5 t fahren den Erdaushub auf einer Baustelle ab. Insgesamt muss jeder Lkw 10-mal fahren. Nach der ersten Fuhre fällt ein Lastwagen wegen eines Reifenschadens aus. Wie viele Fuhren verbleiben für die intakten Lkws?

5 Prozente und Zinsen

Anteile

Um **Anteile** (Bruchteile) miteinander **vergleichen** zu können, müssen sie zuerst vereinheitlicht, also auf den gleichen Nenner gebracht werden (↑ Seite 6).

Mithilfe von **Prozentangaben** wird der Vergleich von Anteilen leichter, denn man vergleicht dabei immer Brüche mit dem (gleichen) Nenner 100.

p % ist gleichbedeutend mit $\frac{p}{100}$

24 % < 76 %, denn $\frac{24}{100} < \frac{76}{100}$

Prozent bedeutet „Hundertstel". Eine **Prozentangabe (p %)** ist dasselbe wie ein Bruch mit dem **Nenner 100.**

Ein Prozent ist *ein Hundertstel* vom Ganzen. Fünf Prozent sind *fünf Hundertstel* vom Ganzen.

$1\,\% = \frac{1}{100}$; $5\,\% = \frac{5}{100}$

Anteile vom Ganzen werden deshalb oft in **Prozent %** angegeben.

- Um zwei Bruchangaben miteinander zu vergleichen, müssen beide auf den Nenner 100 erweitert oder gekürzt werden.

Vergleich der Anteile $\frac{6}{20}$ und $\frac{5}{25}$:

$\frac{6}{20} = \frac{30}{100} = 30\,\%$ und $\frac{5}{25} = \frac{20}{100} = 20\,\%$.

$\rightarrow \frac{6}{20} > \frac{5}{25}$, denn 30 % > 20 %

- Um umgekehrt eine Prozentangabe als Bruch darzustellen, schreibt man sie zunächst als Bruch mit dem Nenner 100 und kürzt dann so weit wie möglich.

Jede Prozentangabe kann

- in einen Bruch umgewandelt werden und umgekehrt,

$30\,\% = \frac{30}{100}$ gekürzt $= \frac{3}{10}$

$38\,\% = \frac{38}{100} = 0{,}38$

- in einen Dezimalbruch umgewandelt werden und umgekehrt.

$0{,}05 = \frac{5}{100} = 5\,\%$

Prozentbegriffe

Prozentangaben beziehen sich immer auf eine Bezugsgröße, den **Grundwert G** (das Ganze).

$1\,\%$ von G ist $\frac{1}{100} \cdot G = \frac{G}{100}$

$\underbrace{5\,\%}_{\text{Prozentsatz}}$ von $\overbrace{120}^{\text{Grundwert}}$ sind $\frac{5}{100} \cdot 120 = \frac{5 \cdot 120}{100} = \underbrace{6}_{\text{Prozentwert}}$

- Der **Grundwert** entspricht 100 %.
- Der **Prozentwert W** gibt an, um wie viel (konkrete Zahl) vom Grundwert es geht.
- Der **Prozentsatz p %** gibt an, wie groß der Anteil dieser Zahl am Grundwert ist.
- **p** heißt **Prozentzahl** oder **Prozentpunkt.**

Grundwert G = das Ganze (= 100 %)
Prozentwert W = Teil des Ganzen
Prozentsatz p % = Anteil am Ganzen

Der Prozentsatz und der Prozentwert sind **direkt proportional** (↑ Seite 49).

Grundwert G
↑
[38 %] von [200 m] sind [76 m].
↓ Prozentsatz p % ↓ Prozentwert W

Gleichungen zur Prozentrechnung

Der Zusammenhang zwischen Grundwert, Prozentwert und Prozentsatz wird durch die **Grundgleichung der Prozentrechnung** deutlich.

- Mit dieser Gleichung wird der **Prozentsatz** (1) berechnet:

$p\,\% = \frac{W}{G}$ bzw. $\frac{p}{100} = \frac{W}{G}$

(1) 18 von 30 Azubis sind im 1. Lehrjahr. Wie viel Prozent (%) sind das?
geg.: G = 30; W = 18; ges.: p %

$p\,\% = \frac{W}{G} = \frac{18}{30} = \frac{6}{10} = \frac{60}{100} = 60\,\%$

→ 60 % der Azubis sind im 1. Lehrjahr.

- Will man den **Prozentwert W** (2) berechnen, formt man die Formel um in:

$W = p\,\% \cdot G$ bzw. $W = \frac{p \cdot G}{100}$

(2) 56 % der 75 Lehrlinge haben die Abschlussprüfung mit „2" bestanden. Wie viele sind das?
geg.: p % = 56 %, G = 75; ges.: W

$W = \frac{p \cdot G}{100} = \frac{56 \cdot 75}{100} = 42$

→ 42 Lehrlinge haben mit „2" bestanden.

- Will man den **Grundwert G** (3) berechnen, formt man die Formel um in:

$G = \frac{W}{p\,\%}$ bzw. $G = \frac{W \cdot 100}{p}$

(3) Mit 60 € wurde das Lehrlingsgehalt um 10 % erhöht. Wie hoch war der monatliche Verdienst vorher?
geg.: W = 60, p % = 10 %; ges.: G

$G = \frac{W \cdot 100}{p} = \frac{60 \cdot 100}{10} = 600$

Vorher lag das Gehalt bei 600 €.

Mit Prozentangaben rechnen

Bei bestimmten Prozentsätzen muss man lediglich den Grundwert durch einen bestimmten Teiler dividieren. Man erhält:

- 10 %, wenn man G durch 10 teilt,
- 20 %, wenn man G durch 5 teilt,
- 25 %, wenn man G durch 4 teilt,
- 33,3 %, wenn man G durch 3 teilt und
- 50 %, wenn man G durch 2 teilt.

Oft kann man sich die Berechnung auf diese Weise erleichtern.

10 % von 375 km = 375 km : 10 = 37,5 km
20 % von 455 € = 455 € : 5 = 91 €
25 % von 80 m = 80 m : 4 = 20 m
33,3 % von 528 l = 528 l : 3 = 176 l
50 % von 985 mg = 985 mg : 2 = 492,5 mg

Vergrößert man einen Grundwert **um** einen bestimmten Prozentsatz, dann vergrößert man den Prozentwert **auf** die **Summe** aus 100 % und dem Prozentsatz.

258 € sollen um 19 % vermehrt werden.
Da 258 € = 100 %, lautet die Aufgabe:
100 % + 19 % = 119 %.
Der Prozentwert entspricht also 119 %.
119 % von 258 € = 307,02 €

Verringert man einen Grundwert **um** einen bestimmten Prozentsatz, dann verringert man den Prozentwert **auf** die **Differenz** aus 100 % und dem Prozentsatz.

588 € auf dem Konto sollen um 27 % verringert werden.
Da 588 € = 100 %, lautet die Aufgabe:
100 % – 27 % = 73 %.
Der Prozentwert entspricht also 73 %.
73 % von 588 € = 429,24 €

Den Dreisatz nutzen

Da Prozentsatz und Prozentwert **direkt proportional** sind, lässt sich beim Rechnen mit Prozenten der Dreisatz (↑ Seite 50) anwenden. Vom Grundwert G wird durch Division durch 100 auf die Einheit geschlossen. Wie viel ist also 1 % von G? Dann wird mit dem Prozentsatz multipliziert und auf das Vielfache geschlossen.

Gesucht sind 3 % von 375 €.
375 = 100 %
Division durch 100:
1 % = 375 € : 100 = 3,75 €
Multiplikation mit dem Prozentsatz:
3 % = 3,75 € · 3 = 11,25 €

Die Verhältnisformel nutzen

Wenn der Grundwert sich zu 100 % verhält wie der Prozentwert sich zum Prozentsatz verhält, lässt sich folgende Verhältnisgleichung (↑ Seite 50) aufstellen: $\frac{G}{100\,\%} = \frac{W}{p\,\%}$

Gesucht sind 3 % von 375 €.

$$2.: \quad \frac{375\,€}{100\,\%} \overset{1.\,\cdot}{=} \frac{x\,€}{3\,\%} \quad 3. =$$

1. schräg multiplizieren: (375 € · 3),
2. dividieren : 100, 3. = 11,25 €

Zinsrechnung

Zinsen werden mithilfe der Prozentrechnung berechnet. Es werden lediglich andere Begriffe verwendet:

- Kapital K = Grundwert G
- Zinssatz p % = Prozentsatz p %
- Zinsen Z = Prozentwert W

Die **Grundformel der Zinsrechnung** zur Ermittlung des **Zinssatzes p %** (1) lautet:

$p\,\% = \frac{Z}{K}$

Für die Berechnung der **Zinsen Z** (2) formt man die Grundformel um in:

$Z = \frac{K \cdot p}{100}$

Will man das **Kapital K** (3) berechnen, formt man die Grundformel um in:

$K = \frac{Z \cdot 100}{p}$

(1) Herr Fey hat ein Guthaben von 4000 € auf seinem Sparbuch. Am Jahresende erhält er 100 € Zinsen. Wie hoch ist der Zinssatz?

$p\,\% = \frac{Z}{K} = \frac{100}{4000} = \frac{25}{1000} = \frac{2{,}5}{100} = 2{,}5\,\%$

Der Zinssatz beträgt 2,5 %.

(2) Eva hat am 1. Januar 1200 € auf dem Sparbuch. Der Zinssatz beträgt 3,5 %. Wie viel Zinsen erhält sie Ende des Jahres?

$Z = \frac{K \cdot p}{100} = \frac{1200 \cdot 3{,}5}{100} = 42$

Eva erhält Ende des Jahres 42 € Zinsen.

(3) Eine Firma leiht sich von einer Bank Geld zu einem Zinssatz von 8 %. Nach einem Jahr sind 240 € Zinsen zu zahlen. Wie hoch ist der geliehene Betrag?

$K = \frac{Z \cdot 100}{p} = \frac{240 \cdot 100}{8} = 3000$

Die Firma hat sich 3000 € geliehen.

Zinseszinsen und Faktor Zeit

Werden die Zinsen am Jahresende zum Guthaben addiert, erbringen sie im folgenden Jahr **Zinseszinsen** (↑ Seite 76).

Zinssätze beziehen sich in der Regel auf ein Jahr. Die Anlagezeit in Tagen (t) ist die Zeit, die das Geld auf dem Konto verbringt. Banken rechnen für jeden Monat 30 Tage und für jedes Kalenderjahr 360 Tage. Wenn man innerhalb eines Kalenderjahres ein Guthaben G zu einem Zinssatz von p % für eine bestimmte Anzahl von Tagen t anlegt, dann erhält man

$Z_t = \frac{K \cdot p \cdot t}{100 \cdot 360}$

von den Jahreszinsen (unterjährige Zinsen).

Ein Kapital von 1500 € wird zu einem Zinssatz von 6 % angelegt. Auf welchen Betrag ist das Kapital nach zwei Jahren angewachsen?

$Z = \frac{K \cdot p}{100} = \frac{1500 \cdot 6}{100} = 90$

Ende 1. Jahr: 1500 € + 90 € = 1590 €

$Z = \frac{K \cdot p}{100} = \frac{1590 \cdot 6}{100} = 95{,}40$

Ende 2. Jahr: 1590 € + 95,40 € = 1685,40 €

Nach 2 Jahren beträgt das Kapital 1685,40 €.

5.1 Anteile darstellen

1 Schreiben Sie die Anteile jeweils in der Prozent-, Bruch- und Dezimalschreibweise.

Prozentschreibweise	Bruchschreibweise	Dezimalschreibweise
18 %		
		0,97
	$\frac{12{,}5}{100}$	
$3\frac{3}{4}$ %		
		1,28
	$\frac{1}{3}$	

2 Berechnen Sie und geben Sie das Ergebnis in der Prozentschreibweise an.

a) $\frac{43}{100}$ = ________ %

b) $\frac{13}{50} = \frac{\quad}{100}$ = ________ %

c) $\frac{8}{20} = \frac{\quad}{100}$ = ________ %

d) $\frac{45}{60} = \frac{\quad}{4} = \frac{\quad}{100}$ = ________ %

e) $\frac{3}{8} = \frac{\quad}{1000} = \frac{\quad}{100}$ = ________ %

f) $\frac{3}{10} = \frac{\quad}{\quad}$ = ________ %

3 Welche Zahl ist größer oder kleiner? Verwenden Sie > oder <.

a) 7 % ___ 4 %

b) 25 % ___ $\frac{1}{5}$

c) $\frac{7}{5}$ ___ 0,75

d) $\frac{99}{100}$ ___ $\frac{9}{11}$

4 Geben Sie die folgenden Anteile als Bruchzahl und in Prozentschreibweise an.

a) 8 von 10 sind $\frac{8}{10} = \frac{\quad}{100}$ = ________ %

b) 19 von 20 sind $\frac{\quad}{20} = \frac{\quad}{100}$ = ________ %

c) 50 von 250 sind ___ = ___ = ________ %

d) 60 von 3000 sind ______ = ______ = ________ %

5 Füllen Sie die Tabelle aus.

gekürzter Bruch	$\frac{1}{10}$	$\frac{1}{5}$		$\frac{1}{3}$		$\frac{3}{4}$
Bruch mit Nenner 100					$\frac{50}{100}$	
Prozentangabe			25 %			
Dezimalbruch		0,2				

6 Welcher Anteil der Fläche ist gefärbt? Geben Sie den Anteil in Bruchschreibweise und in Prozent an.

a)
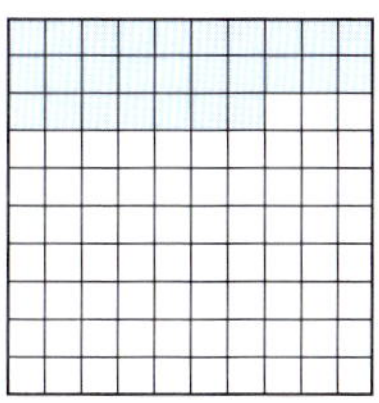

b)
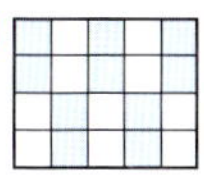

c)
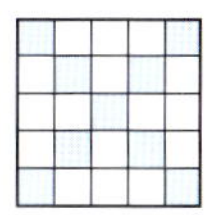

d)
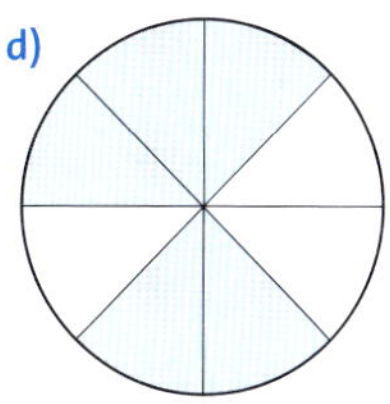

b) $\frac{\quad}{20} = \frac{\quad}{100}$ c) $\frac{\quad}{\quad} = \frac{\quad}{\quad}$ d) $\frac{\quad}{\quad} = \frac{\quad}{\quad}$

a) $\frac{\quad}{100}$ = ______ % b) = ______ % c) = ______ % d) = ______ %

7 Die unten stehenden Angaben geben an, welchen Anteil am Ganzen die abgebildeten Figuren darstellen. Vervollständigen Sie die Figuren zeichnerisch auf 100 %.

a)
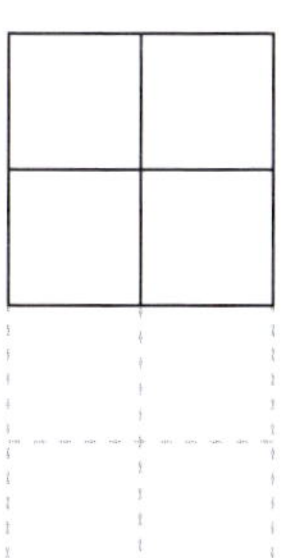

b)
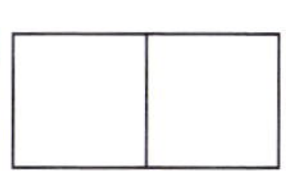

c)
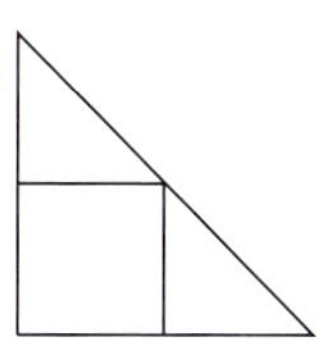

d)
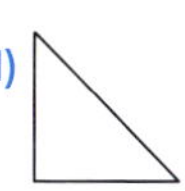

50 % 40 % 25 % 20 %

8 Die Belegschaft eines Betonwarenherstellers ist multikulturell. 35 % der Mitarbeiter sind Deutsche, 30 % sind italienischer Herkunft, 25 % sind Bürger aus Frankreich und 10 % kommen aus der Türkei.
Tipp: Denken Sie daran, alle Abbildungen stets vollständig zu beschriften.

a) Tragen Sie diese Werte in das unten abgebildete Streifendiagramm ein.

b) Veranschaulichen Sie die Anteile in einem Kreisdiagramm.
Tipp: 100 % entsprechen einem Winkelmaß von 360°, 1 % entspricht somit 3,6°.

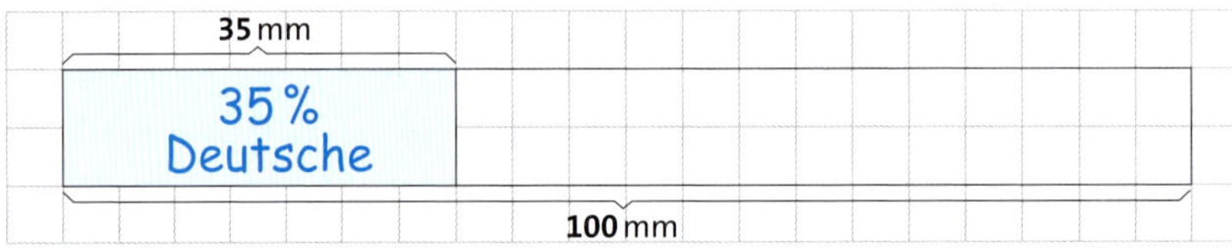

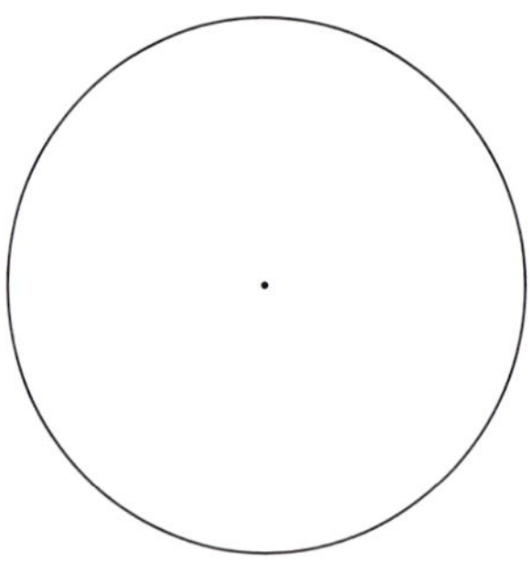

5.2 Den Prozentwert berechnen

9 Berechnen Sie jeweils den Prozentwert. Denken Sie an das Anfügen der Einheit.
Tipp: Wenn der Prozentsatz größer als 100 % ist, dann ist der Prozentwert größer als der Grundwert.

a) 12 % von 485 € → W = ______ b) 28 % von 3744 kg → W = ______

c) 47 % von 128 km → W = ______ d) 83 % von 4325 € → W = ______

e) 53 % von 7388 kg → W = ______ f) 14,5 % von 3780 € → W = ______

g) 7,2 % von 425 km → W = ______ h) 11,4 % von 715 kg → W = ______

i) 123 % von 4787 € → W = ______ j) 218 % von 734 € → W = ______

10 Berechnen Sie folgende Aufgaben auf möglichst einfachem Weg.

a) 10 % von 434 € → W = ______ b) $33\frac{1}{3}$ % von 27 m → W = ______

c) 20 % von 875 kg → W = ______ d) 50 % von 2348 km → W = ______

e) 25 % von 412 € → W = ______ f) $33\frac{1}{3}$ % von 3786 € → W = ______

g) 20 % von 4387 kg → W = ______ h) 25 % von 125 € → W = ______

i) 10 % von 21,50 € → W = ______ j) 50 % von 753,50 € → W = ______

11 Berechnen Sie und markieren Sie jeweils das richtige Ergebnis. Achten Sie ganz genau auf die Formulierungen „um“ oder „auf“. Rechnen Sie im Heft.

a) Vergrößern Sie ...

348 € um 21 %	→	73,08 €	421,08 €	24,80 €
125 € auf 114 %	→	142,50 €	267,50 €	141,25 €
125 € um 114 %	→	2178 €	276,90 €	267,50 €
972 € auf 125 %	→	243 €	1215 €	1345 €
222 € um 33,3 %	→	73,26 €	297,48 €	296 €
75 kg um 75 %	→	131,25 kg	56,25 kg	18,75 kg

b) Vermindern Sie ...

775 kg um 18 %.	→	635,5 kg	139,50 kg	914,50 kg
738 kg um 43 %	→	1055,34 kg	420,66 kg	317,34 kg
738 kg auf 43 %	→	429,67 kg	184,50 kg	317,34 kg

c) Vermehren Sie ...

1285 km um 45 %	→	578,25 km	1863,25 km	638,25 km

d) Verringern Sie ...

833 € um 14 %	→	716,38 €	949,62 €	116,62 €
72,80 € auf 65 %	→	47,23 €	47,32 €	25,48 €

PRAXISTIPP Eine Grundgleichung für alles

Egal ob bei einer Fragestellung der Grundwert G, der Prozentwert W oder der Prozentsatz p % gesucht ist, Sie müssen sich nur die Grundgleichung merken. Je nach gesuchter Größe stellen Sie die Gleichung um, indem Sie die Gleichung nach der gesuchten Größe auflösen (↑ Seite 63):

$$\frac{p}{100} = \frac{W}{G} \mid \cdot G \quad \rightarrow \quad \frac{p \cdot G}{100} = W \mid : p, \cdot 100 \quad \rightarrow \quad G = \frac{W \cdot 100}{p}$$

5.3 Den Grundwert berechnen

12 Berechnen Sie jeweils den Grundwert. Wenden Sie die Verhältnisformel an.

p %	12 %	7 %	35 %	12,5 %	25 %	16 %	114 %	225 %
W	68,16	39,76	81,2	570,25	412	10,96	267,90	8298
G								

13 Berechnen Sie und tragen Sie die Lösungsbuchstaben aus den Möglichkeiten unten ein. Nacheinander gelesen ergibt sich das Lösungswort. Von welchem Grundwert sind …

a) 18 % gleich 64,08 € (______)
b) 245 % gleich 600,25 € (______)
c) 7,8 % gleich 46,02 € (______)
d) 44 % gleich 25 058 € (______)
e) 92 % gleich 217,12 € (______)
f) 68 % gleich 1604,80 € (______)
g) 86 % gleich 489,34 € (______)
h) $4\frac{2}{3}$ % gleich 1251,60 € (______)
i) 114 % gleich 860,70 € (______)
j) 166 % gleich 11 070,54 € (______)

t	755 €	r	26 820 €	n	56 950 €	r	245 €	w	2360 €
u	590 €	d	236 €	e	6669 €	e	569 €	g	356 €

Lösungswort: __ __ __ __ __ __ __ __ __ __

PRAXISTIPP **Brutto und netto**

Der Malermeister Werner Bunt berechnet seinem Kunden eine Arbeitsstunde mit 42,00 € inkl. Mehrwertsteuer. Den Kunden interessiert, wie viel eine Arbeitsstunde des Malers ohne Mehrwertsteuer (d. h. netto) kostet.

Hier ist der Grundwert G (100 %) gesucht.

In diesem Fall beträgt der Prozentsatz p % = 100 % + 19 % = 119 %.

Der Prozentwert W beträgt 42,00 €.

$$G = \frac{W \cdot 100}{p} = \frac{42 \cdot 100}{119} \approx 35{,}29$$

Eine Arbeitsstunde des Malermeisters kostet ohne Mehrwertsteuer ca. 35,29 €.

Zusatzfrage: Wie hoch ist die Mehrwertsteuer?

Die Mehrwertsteuer selbst erhält man jetzt über eine einfache Subtraktion:

42,00 € – 35,29 € = 6,71 €

Bei einem Mehrwertsteuersatz von 19 % führt der Malermeister pro berechneter Arbeitsstunde 6,71 € an das Finanzamt ab.

14 Die Mehrwertsteuersätze sind unterschiedlich, je nachdem, um welches Produkt es sich handelt. Für Postwertzeichen fällt z. B. keine Umsatzsteuer an. Für Grundnahrungsmittel und Bücher liegt der Mehrwertsteuersatz bei 7 %, für technische Artikel bei 19 %. Vervollständigen Sie in der Tabelle die veranschlagten Netto- bzw. Bruttopreise. Welcher Betrag muss an das Finanzamt abgeführt werden?

	MwSt.-Satz	Nettobetrag	Bruttobetrag	Finanzamt
2 Bücher	7 %	24,12 €	25,81 €	1,69 €
20 Schrauben M50 x 100	19 %		10,60 €	
Schreibwaren	19 %	3,75 €	4,46 €	
10 Briefmarken	mwst.-frei	5,50 €		
1 Pck. Kaugummi	7 %		1,25 €	
1 Computerspiel	19 %		35,00 €	
10 Joghurt	7 %		4,30 €	

5.4 Den Prozentsatz berechnen

15 Berechnen Sie jeweils den Prozentsatz.

G	3780	15 500	375	1760	35 600	780	1250	500
W	567	1317,50	47,25	2024	44 500	273	500	1250
p %								

PRAXISTIPP Die richtige Formel zur Fragestellung finden

Aufgaben zur Prozentrechnung sind in der Regel als Text formuliert. Hier gilt es, genau zu lesen, welche Größe gesucht ist, um den Text in die richtige mathematische Form zu bringen. Mitunter benötigen Sie dann zwei Schritte zur Lösung der Aufgabe.

Beispiele:
- „Wie viel % **von 352,50** € sind 8,46 €?" → **G = 352,50** €, W = 8,46 €; ges. p %
- „Wie viel % sind 203,50 € **von 925** €?" → **G = 925** €, W = 203,50 €; ges. p %
- „Um wie viel % sind 408,12 € größer **als 358** €?" → **G = 358** €, W = 408,12 €; ges. p % → Zwischenergebnis p % = 114 % → 114 % – 100 % = 14 %
- „Um wie viel sind 437,36 € kleiner **als 568** €?" → **G = 568** €, W = 437,36 €; ges. p % → Zwischenergebnis p % = 77 % → 100 % – 77 % = 23 %

16 Achten Sie stets genau auf die Formulierungen und lösen Sie die folgenden Aufgaben. Arbeiten Sie im Heft. Unten sind alle Lösungen notiert.

a) Um wie viel % sind 433,50 € größer als 425 €?

b) Wie viel % von 1760 € sind 2024 €?

c) Um wie viel Prozent sind 633,60 € kleiner als 720 €?

d) Um wie viel % sind 116 792,50 € größer als 75 350 €?

e) Wie viel von 1250 € sind 500 €?

f) Wie viel sind 1250 € von 500 €?

g) Um wie viel % sind 37 290 € kleiner als 113 000 €?

h) Wie viel Prozent sind 3055 € von 2350 €?

115 %	55 %	130 %	67 %	12 %	2 %	250 %	40 %

5.5 Vermischte Aufgaben zur Prozentrechnung

17 Vervollständigen Sie die Tabelle.

G	300		4725	5760	3333		2340	
W		25 641		1843,2		600,25	842,40	11 070,54
p %	50 %	45 %	0,8 %		114 %	245 %		166 %

18 Lesen Sie die Aufgabenstellung ganz genau. Bestimmen Sie die gesuchte Größe und berechnen Sie diese. Arbeiten Sie im Heft.

a) Verringern Sie 72,60 € auf 65 %. ______ €

b) Was sind 114 % von 13 780 kg? ______ kg

c) Wie viel % von 1843,20 € sind 5760 €? ______ %

d) Was sind 7,75 % von 4780 km? ______ km

e) Wie viel % sind 1337 € von 4775 €? ______ %

f) 245 % sind 600,25 €. Wie viel € sind 100 %? ______ €

g) Um wie viel % sind 153 km kleiner als 425 km? ______ %

h) Vermindern Sie 2134 km um 18 %. ______ km

i) Um wie viel % sind 15,50 € größer als 12,50 €? ______ %

j) 134 % mehr als 5437 l sind wie viele Liter? ______ l

370,45	15 709,2	28	47,19	312,50	245
64	1749,88	24	12 722,58		

19 Berechnen Sie in Ihrem Heft.

a) In einer Firma arbeiten 140 Personen. 55 % davon sind Männer. Wie viele Frauen arbeiten dort?

b) Von den 140 Mitarbeitern sind 42 im Büro tätig. Wie viel % entspricht das?

c) In einer anderen Firma sind ebenfalls 42 Personen im Büro tätig. Das sind 24 % der gesamten Mitarbeiter. Wie viele Beschäftigte hat der Betrieb insgesamt?

20 Berechnen Sie in Ihrem Übungsheft.

a) Gerold kauft sich Inlineskates, die um 30 % des Originalpreises reduziert wurden. Er bezahlt noch 70 €. Wie viel Euro hat Gerold gespart?

b) Der Preis für Olivers Jeans wurde um 15 % auf 68 € gesenkt. Wie viel Euro Rabatt (Preisnachlass) hat er bekommen?

c) Nach einer Preiserhöhung um 17 % kostet eine Stereoanlage 175,50 €. Wie viel hat sie vorher gekostet?

21 Aus der Buchhaltung:

a) 2775 € Gehalt bekommt Herr Öttinger. Davon muss er 666 € Lohnsteuer entrichten. Wie viel % seines Gehalts macht die Lohnsteuer aus?

b) 22 % ihres Gehalts muss Frau Dehn als Lohnsteuer an das Finanzamt entrichten. Monatlich sind das 616 €. Wie hoch ist ihr Monatsgehalt?

22 Herr Steinmeier ist ärgerlich. Eben hat er erfahren, dass seine Miete um 37,57 € erhöht worden ist. Bisher hat er monatlich 578 € Miete bezahlt. Wie viel % der ursprünglichen Miete macht die Mieterhöhung aus?

23 Von 80 Teilnehmern an der schriftlichen Abschlussprüfung erreichten:

7,5 % die Note 1	17,5 % die Note 2	36,25 % die Note 3
21,25 % die Note 4	12,5 % die Note 5	5 % die Note 6

Wie viele Teilnehmer entfielen auf die einzelnen Noten?

24 Die Bankauszubildende Frau Bucher hat sich Aktien der Internetfirma „Webcomp" gekauft. Das hat sich offenbar gelohnt, denn der Aktienkurs von „Webcomp" ist von 30,47 € auf 42,87 € gestiegen. Um wie viel % ist der Kurs der Aktie gestiegen?

25 Ein Handwerker stellt eine Rechnung über 3726 € aus. Hinzu kommen 19 % Mehrwertsteuer. Wie viel Mehrwertsteuer muss der Handwerker abführen?

26 Eine Krankenkasse ersetzt 72 % der Kosten einer Zahnbehandlung. Das sind 2354,40 €. Wie hoch war die Arztrechnung?

5.6 Zinsrechnung

27 Berechnen Sie jeweils die fehlende Größe.

	Zinssatz	Kapital	Zinsen
a)	7,2 %	1 325,00 €	
b)	3,4 %		176,80 €
c)		15 500,00 €	1 046,25 €
d)	4,4 %		25,52 €
e)		1 360,00 €	17,00 €
f)	2,8 %	24 300,00 €	
g)		8 300,00 €	473,10 €
h)	6,8 %		3 944,00 €
i)	7,9 %	24 500,00 €	
j)		132 000,00 €	12 672,00 €
k)	8,8 %	6 800,00 €	
l)	7,25 %		1 305,00 €

28 Konstantins Konto mit 3,7 % Verzinsung bringt nach einem Jahr 26,64 € Zinsen. Tamaras Konto, das mit 4 % verzinst wird, bringt nach einem Jahr 28,72 €. Auf welchem Konto befand sich am Anfang des Jahres der höhere Geldbetrag?

29 Berechnen Sie für 360 € und p % = 2,5 % die Zinsen für den angegebenen Zeitraum. Denken Sie daran, dass Geldinstitute immer mit 30 Tagen pro Monat rechnen. Nur drei Lösungsvorschläge sind richtig.

a) Zeitraum 01. 06. 2009 – 20. 8. 2009

b) Zeitraum 04. 03. 2009 – 31. 10. 2009

c) Zeitraum 24. 12. 2008 – 04. 05. 2009

3,25 €	5,87 €	5,90 €	3,17 €	11,61 €
4,61 €	2,27 €	2,00 €	4,72 €	5,89 €

30 Berechnen Sie die fehlenden Angaben mithilfe der Formeln zur Zinsrechnung.

	a)	b)	c)	d)
Kapital	3200 €	13 950 €		1270 €
Zinsen	112 €		350 €	
Zinssatz		3,2 %	4,2 %	1,5 %
Laufzeit	1 Jahr	20 Tage	1 Jahr	3 Monate

31 Füllen Sie die Tabelle für einen geltenden Zinssatz von 3 % aus.

Jahr	Guthaben am Jahresanfang	Zinsen	Guthaben am Jahresende
2009	1000 €		
2010			
2011			
2012			

PRAXISTIPP Zinseszinsen mit dem Zinsfaktor berechnen

Zinseszinsen können Sie auch mit folgender Formel berechnen:

Das Endkapital K_n lässt sich direkt aus dem Anfangskapital K_0, dem Zinssatz p % und der Anzahl n der Jahre berechnen:

$$K_n = K_0 \cdot \left(1 + \frac{p}{100}\right)^n$$

$q = 1 + \frac{p}{100}$ heißt **Zinsfaktor.** Man kann also schreiben:

$K_n = K_0 \cdot q^n$.

32 Berechnen Sie mit dem Taschenrechner. Notieren Sie die Ergebnisse.

K_0	p%	n	q	K_n
a) 4 700 €	4 %	5		$K_5 \approx$
b) 12 000 €	5,2 %	7		$K_7 \approx$
c) 3 550 €	3,75 %	6		$K_6 \approx$

6 Funktionen

Funktionsbegriff

Eine Zuordnung (↑ Seite 48), bei der jedem Element aus einer Definitionsmenge **genau ein Element** der Wertemenge zugeordnet wird, heißt **Funktion.**

Die Zuordnung $x \mapsto x + 1$ ordnet jedem Element aus der Definitionsmenge genau ein Element aus der Wertemenge zu. Es handelt sich also um eine Funktion.

Als **Zuordnungsvorschrift** verwendet man die Schreibweise **y = f(x).**
Achtung: Es gibt noch andere Schreibweisen für Zuordnungsvorschriften von Funktionen.

$y = x + 1$
$f\colon x \mapsto f(x)$ z. B.: $f\colon x \mapsto x + 1$

Die **Definitionsmenge D_f** einer Funktion f beinhaltet die Werte, die man für x einsetzen darf.
Die **Wertemenge W_f** einer Funktion f beinhaltet die Werte, die man für y erhält.

$f\colon y = 2x + 1$; $D_f = \mathbb{R}$; $W_f = \mathbb{R}$

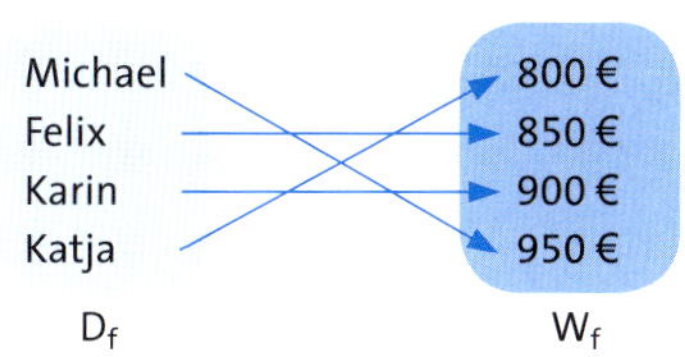

Funktionen grafisch darstellen

Übersichtlich lässt sich eine Funktion darstellen, indem man einzelne Wertepaare (x | y) als Punkte in einem Koordinatensystem einträgt und diese miteinander verbindet. Am entstandenen **Funktionsgraphen** lassen sich die Eigenschaften und Lösungen ablesen.

$f_1(x) = x^2$ mit den Punkten: A (2 | 4); B (−2 | 4), C (1 | 1); D (−1 | 1); E (3 | 9)

$f_2(x) = -1x + 2$ mit den Punkten F (2 | 0); G (0 | 2); H (−2 | 4)

Man unterscheidet u. a. **lineare Funktionen** (↑ Seite 78), deren Graphen auf einer Geraden liegen, und **quadratische Funktionen** (↑ Seite 79), deren Graphen man als Parabel bezeichnet.

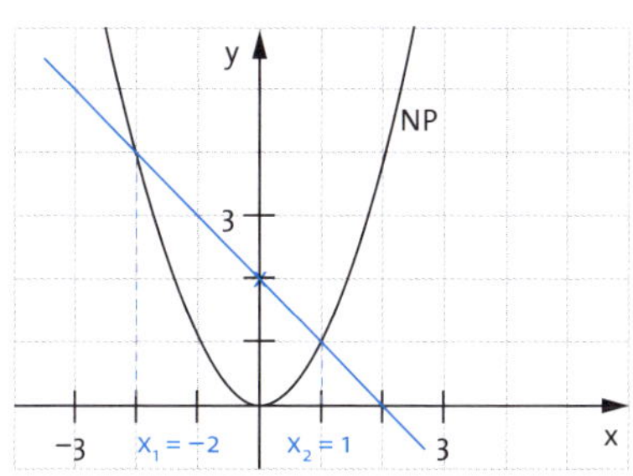

NP = Normalparabel

Lineare Funktionen

Lineare Funktionen haben die Funktionsgleichung
$y = f(x) = \mathbf{mx + b}$

- Der **Graph** einer linearen Funktion liegt auf einer **Geraden.**
- **m** gibt die **Steigung** der Geraden an.
- **b** gibt die **Schnittstelle** mit der y-Achse an.

Den **Schnittpunkt** mit der **x-Achse** nennt man **Nullstelle,** dort gilt y = 0.

$S_x\left(-\frac{b}{m} \,|\, 0\right)$

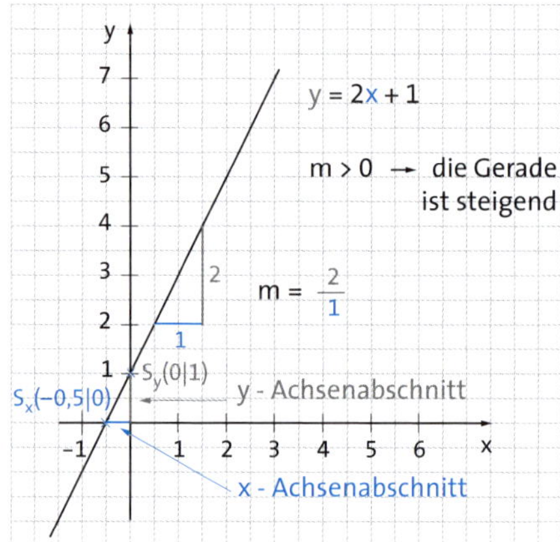

Mithilfe des **Steigungsdreiecks** lässt sich die Steigung **m** einer linearen Funktion berechnen:

$m = \frac{y_2 - y_1}{x_2 - x_1}$

- Ist m > 0, so ist die Gerade steigend.
- Ist m < 0, so ist die Gerade fallend.
- Ist m = 0, so ist die Gerade parallel zur x-Achse.

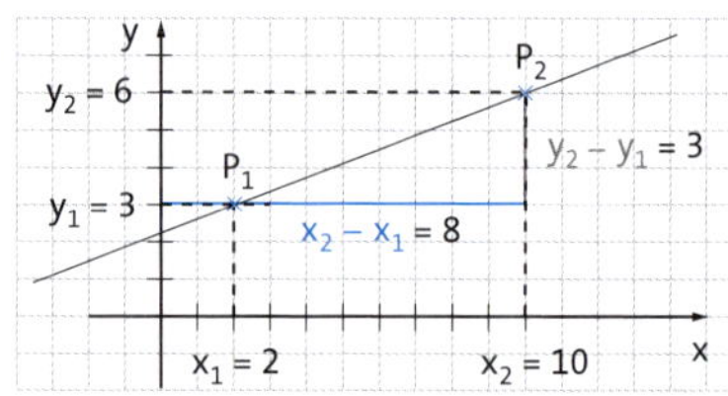

$m = \frac{6-3}{10-2} = \frac{3}{8}$

Graphen linearer Funktionen

Den Graph einer linearen Funktion kann man auf zwei Wegen zeichnen:

- Man bestimmt zwei Punkte, z. B. den Schnittpunkt mit der y-Achse, indem man y = 0 setzt, und ermittelt ein weiteres beliebiges Wertepaar (x | y). Durch diese zwei Punkte zeichnet man die Gerade.
- Man liest die Steigung m aus der Funktionsgleichung ab, bestimmt den Schnittpunkt mit der y-Achse und zeichnet eine Gerade durch S_y mit der Steigung m.

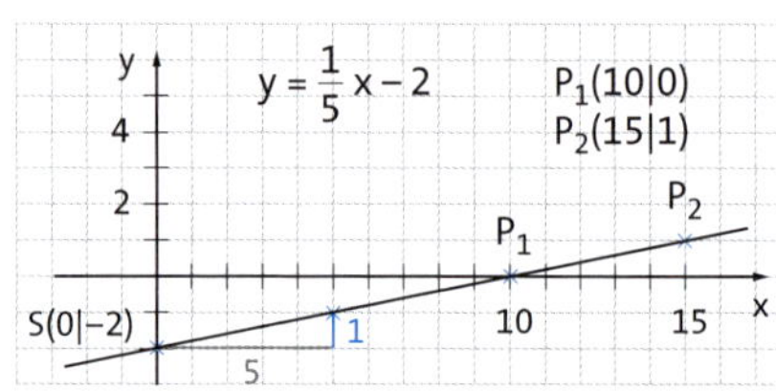

Punkte berechnen

Punkte linearer Funktionen ermittelt man entweder

- **rechnerisch,** indem man für x oder für y einen gegebenen Wert einsetzt und durch Umformung und Berechnung (↑ Seite 37 f.) den anderen (gesuchten) Wert berechnet, oder
- **zeichnerisch,** indem man anhand von zwei (gegebenen) Wertepaaren (Punkten) den Graphen zeichnet und so ablesen kann, für welchen x-Wert man den gesuchten y-Wert erhält.

$y = 2\mathbf{x} + 1$; mit $x = \mathbf{2} \Rightarrow$
$y = 2 \cdot \mathbf{2} + 1 = 5$

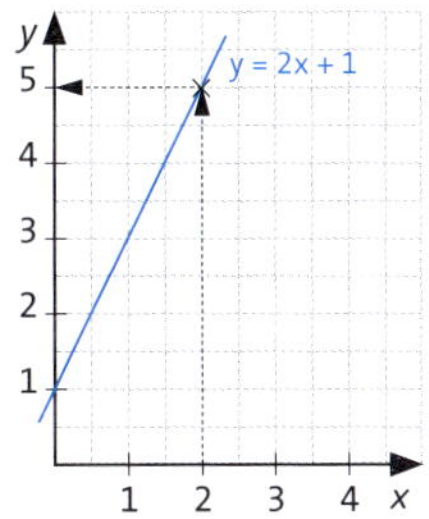

Quadratische Funktionen

Funktionen, die durch Äquivalenzumformungen (↑ Seite 38) in die Form $\mathbf{f(x) = ax^2 + bx + c}$ ($a \neq 0$) gebracht werden können, heißen **quadratische Funktionen.**

- Der **Graph** einer quadratischen Funktion heißt **Parabel.**
- ax^2 heißt **quadratisches Glied,**
- bx heißt **lineares Glied** und
- c heißt **absolutes Glied.**
- a, b und c werden Parameter genannt.

$f(x) = 3x^2 - 4x + 5 \rightarrow$
$a = 3; b = -4; c = 5$

$f(x) = -0{,}5x^2 + 2 \rightarrow$
$a = -0{,}5; b = 0; c = 2$

$f(x) = 4x - 5 - 12x^2 \rightarrow$
$a = -12; b = 4; c = -5$

Graphen quadratischer Funktionen

Die einfachste quadratische Funktion hat die Funktionsgleichung $\mathbf{f(x) = x^2}$. Die Parameter sind $a = 1; b = 0; c = 0$.
Der Graph heißt **Normalparabel.** Es gilt:

- Alle Funktionswerte sind größer oder gleich null. Sie liegen über oder auf der x-Achse.
- Für jede reelle Zahl x gilt: $f(-a) = f(a)$.
- Der Scheitelpunkt S (0 | 0) als kleinster Funktionswert ist null.

Eigenschaften der Normalparabel:

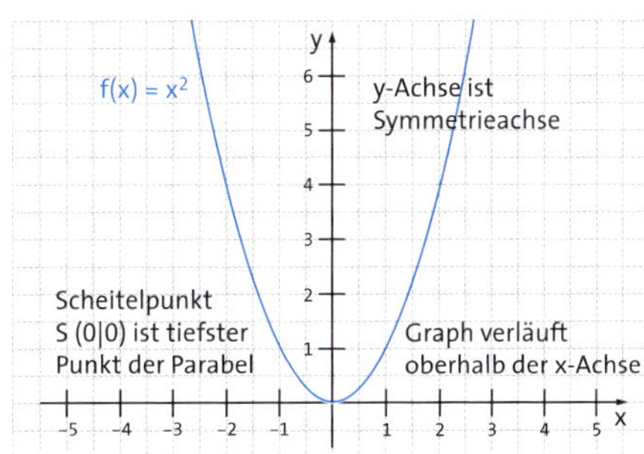

Verschiebung, Stauchung, Streckung und Spiegelung der Parabel

Ändern sich die Parameter der quadratischen Funktionsgleichung, dann ändert sich die Lage der Parabel im Koordinatensystem und/oder die Form der Parabel.

Verschiebung entlang der **y-Achse:**
Lautet die Funktionsgleichung $f(x) = x^2 + \mathbf{c}$, dann gilt:

- Der Scheitelpunkt der **Normalparabel** liegt bei S $(0\,|\,\mathbf{c})$.
- Der Graph ist eine um **c** Einheiten nach oben oder unten verschobene Normalparabel. Er ist für **c > 0 nach oben** und für **c < 0 nach unten** verschoben.

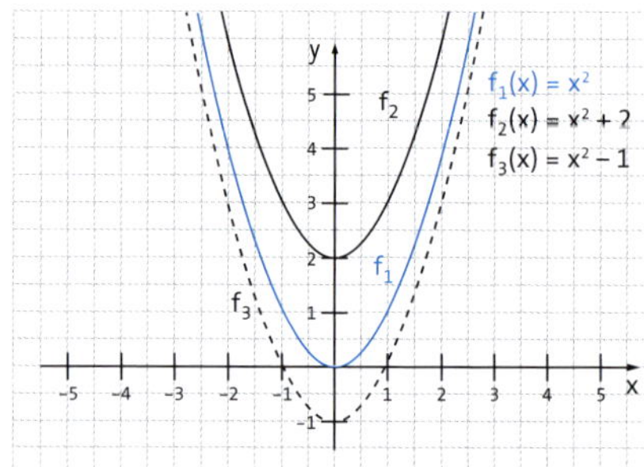

Verschiebung entlang der **x-Achse:**
Lautet die Funktionsgleichung $f(x) = (x + \mathbf{d})^2$, dann gilt:

- Der Scheitelpunkt der **Normalparabel** liegt bei S $(-\mathbf{d}\,|\,0)$.
- Der Graph ist eine um **d** Einheiten nach links oder rechts verschobene Normalparabel. Er ist für **d < 0 nach rechts** und für **d > 0 nach links** verschoben.

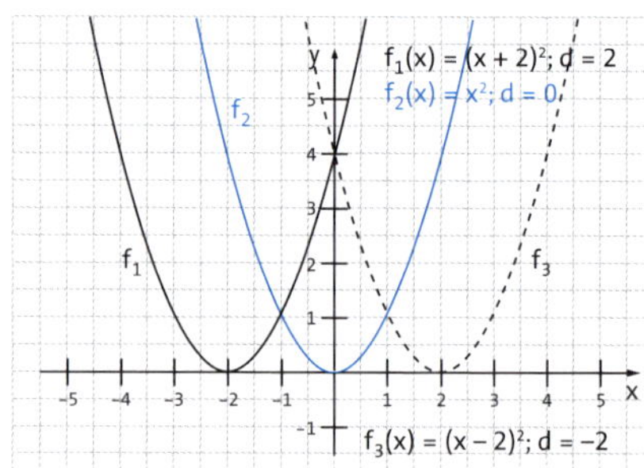

Stauchung, Streckung, Spiegelung:
Lautet die Funktionsgleichung $f(x) = a \cdot x^2$, dann gilt:

- Der Scheitelpunkt liegt bei S $(0\,|\,0)$.
- Der Graph entsteht durch Stauchung oder Streckung der Normalparabel. Er wird für **a > 1 gestreckt** und für **0 < a < 1 gestaucht.**
- Für **a < 0** ist der Graph zusätzlich an der x-Achse **gespiegelt** (nach unten geöffnet).

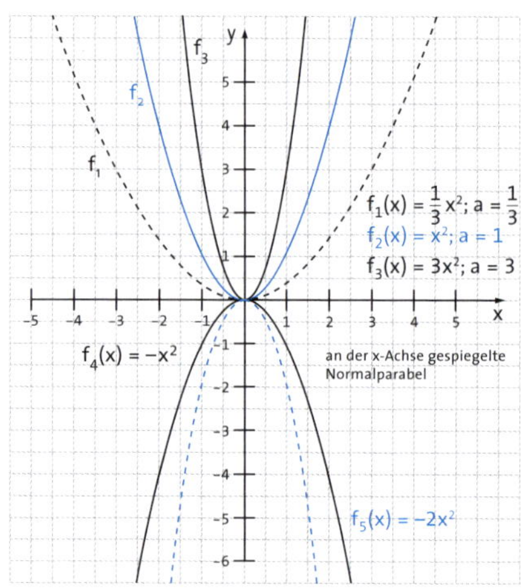

6.1 Funktionsgleichungen

1 Lösen Sie in Ihrem Heft die folgenden Gleichungen durch Äquivalenzumformung nach y auf und stellen Sie diese als Funktionsgleichung f(x) dar.

a) $4y + 4 = 8x$ → ____________________

b) $-\frac{3}{4}x + y = 3$ → ____________________

c) $4x - 2y = 2$ → ____________________

d) $-4 = -\frac{2}{4}x - y$ → ____________________

e) $24 - 3(2x - 3y) = 9$ → ____________________

f) $4(2y + 7) - 17 + 2(3x + y) = 29$ → ____________________

2 Kreuzen Sie alle Funktionsgleichungen an, die zu einer linearen Funktion gehören.

a) ☐ $x = 0$ b) ☐ $y = 0$ c) ☐ $2x - 3y = 6$ d) ☐ $3xy = 9$

e) ☐ $y - 2x = 0$ f) ☐ $x = 6y$ g) ☐ $y = 6$ h) ☐ $y = x^2 - 8$

3 Kreuzen Sie an, welche der folgenden Funktionsgleichungen quadratische Funktionen beschreiben. Bestimmen Sie für die quadratischen Funktionen die Größe der Parameter *a*, *b* und *c*.

		a	b	c
a) $f(x) = 4x - 1$	☐	______	______	______
b) $f(x) = 4x^2 - 1$	☐	______	______	______
c) $f(x) = \frac{1}{x^2}$	☐	______	______	______
d) $f(x) = 3x + 7 - x^2$	☐	______	______	______
e) $f(x) = \frac{1}{2}x^2 - x + 2$	☐	______	______	______
f) $f(x) = 2x^3 + 4x^2 - 5$	☐	______	______	______

6.2 Lineare Funktionen

4 Überprüfen Sie rechnerisch in Ihrem Heft und kreuzen Sie dann an, ob die Punkte A und B jeweils zum Graphen der Funktion gehören.

	A (1,5 | 1)	B (–1 | –1)
a) $y = -\frac{4}{3}x + 3$	☐	☐
b) $y = \frac{4}{5}x - \frac{1}{2}$	☐	☐
c) $y = -1$	☐	☐

5 Der Punkt P liegt auf dem Graphen der Funktion. Berechnen Sie jeweils seine fehlende Koordinate. Arbeiten Sie im Heft.

a) $y = 4x - 6$; P (3 | __)

b) $y = -2x + 2{,}5$; P (__ | –1)

c) $y = \frac{1}{2}x + 4$; P (__ | –4)

6 Welche Gleichung gehört zu welcher Geraden? Verbinden Sie durch Linien.

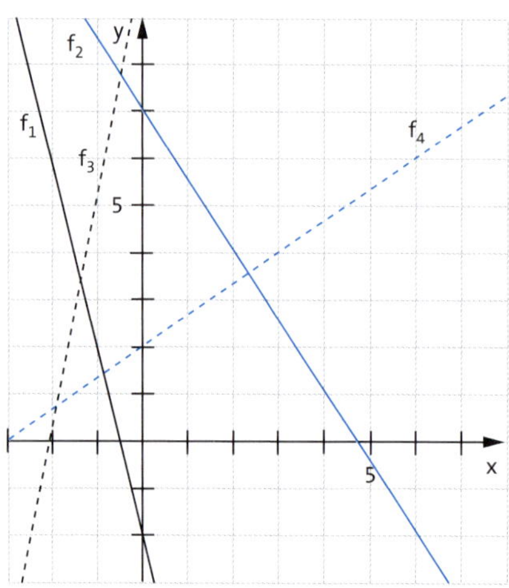

Funktionsgleichung	zugehöriger Graph
$y = \frac{2}{3}x + 2$	Graph von f_2
$y = -4x - 2$	Graph von f_4
$y = 5x + 10$	Graph von f_1
$y = -\frac{3}{2}x + 7$	Graph von f_3

7 Berechnen Sie die Steigung m der Geraden, die durch folgende Punkte verlaufen.

a) P_1 (4 | 7); P_2 (–2 | –5) → m = ______

b) P_1 (–3 | 2); P_2 (7 | 1) → m = ______

c) P_1 (6 | 8); P_2 (–9 | 7) → m = ______

PRAXISTIPP **Angebote vergleichen mittels linearer Gleichungssysteme**

In Angeboten sind neben Fixkosten häufig weitere Kosten von einer bestimmten Größe abhängig. Die Berechnung der Gesamtkosten gelingt durch eine lineare Funktion, dadurch lassen sich leicht Angebote vergleichen.

Beispiel: Der Autoverleiher Rent verleiht ein Fahrzeug für 20,– € pro Tag, zusätzlich kostet jeder Kilometer 25 Cent. Der Konkurrenzverleiher Mobil verleiht das gleiche Fahrzeug für 25,– € pro Tag, hier kostet jeder Kilometer zusätzlich 20 Cent.

Für welches Angebot würden Sie sich entscheiden?

Die Angebote lassen sich leicht vergleichen, wenn man für beide die Kosten mitmilfe einer linearen Funktion berechnet, x sind die gefahrenen Kilometer:

Anbieter Rent: $f(x) = 20 + 0{,}25 \cdot x$ Anbieter Mobil: $g(x) = 25 + 0{,}2 \cdot x$

Setzt man beide Funktionen gleich und löst nach x auf, stellt man fest, bei welcher Fahrstrecke die Angebote das Gleiche kosten. Man spricht von der **rechnerischen Lösung eines linearen Gleichungssystems:**

$20 + 0{,}25 \cdot x = 25 + 0{,}2 \cdot x \;\rightarrow\; 0{,}05 \cdot x = 5 \;\rightarrow\; x = 100$

Bei einer Fahrstrecke von 100 km sind die Kosten bei beiden Angeboten gleich, bei einer kürzeren Fahrstrecke ist der Verleiher Rent, bei einer längeren Fahrstrecke der Verleiher Mobil günstiger.

Bildet man jede einzelne Funktionsgleichung als Graph ab, so bildet der **Schnittpunkt** beider Geraden die **zeichnerische Lösung des linearen Gleichungssystems.**

8 Setzen Sie Gleichung a) mit b) und c) mit d) gleich und ermitteln Sie x.

a) $y = 2x - 3$

b) $y = -\frac{3}{2}x - 2$

x = ______

c) $y = \frac{1}{4}x + 4$

d) $y = -2x + 1{,}5$

x = ______

9 Zeichnen Sie die Graphen aller Funktionen aus Aufgabe 8 in das abgebildete Koordinatensystem. Vergleichen Sie die Schnittpunkte der Geraden a) und b) sowie c) und d) mit Ihrer rechnerischen Lösung aus Aufgabe 8.

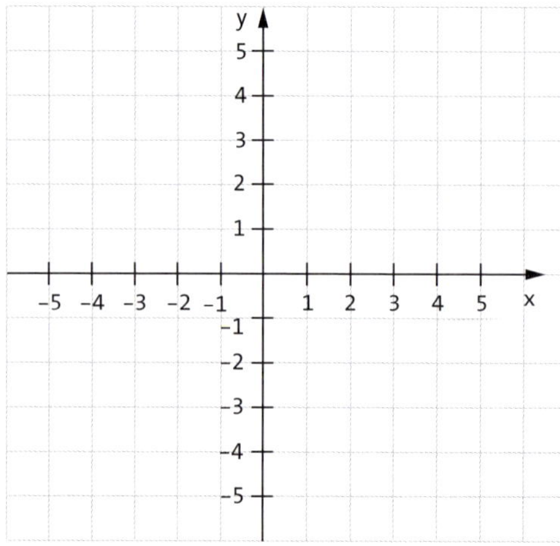

10 Betrachten Sie die folgenden Funktionsgleichungen.

I) $6x + 4y = 12$ II) $-\frac{1}{2}x = -9 - 3y$ III) $y - \frac{3}{4}x = 4$

a) Bestimmen Sie rechnerisch die Schnittpunkte der Funktionsgraphen mit der x-Achse und die Schnittpunkte mit der y-Achse.

b) Zeichnen Sie anschließend ein geeignetes Koordinatensystem in Ihr Heft und zeichnen Sie die Funktionsgraphen ein.

c) Geben Sie die zugehörigen Funktionsgleichungen in der Form y = ... an.

6.3 Quadratische Funktionen

11 Gegeben sind die Funktionen $f_1(x) = x^2 + 2$ und $f_2(x) = x^2 - 3{,}5$. Berechnen Sie die Funktionswerte zu den Funktionen f_1 und f_2 und tragen Sie diese in die Wertetabelle ein.

x	−3	−2,5	−2	−1	0	1	2	2,5	3
$f_1(x)$									
$f_2(x)$									

12 Zeichnen Sie die Normalparabel (NP) in das Koordinatensystem ein. Verschieben Sie die Normalparabel dann so, dass der jeweils angegebene Punkt der neue Scheitelpunkt ist.

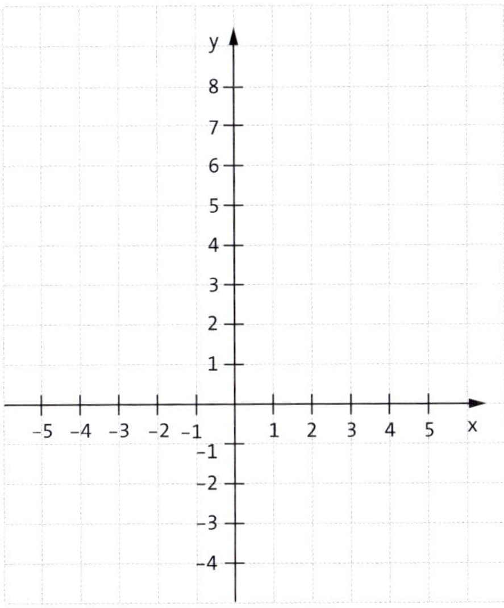

a) $S_a\,(2\,|\,0)$
b) $S_b\,(-2\,|\,0)$
c) $S_c\,(0\,|\,-3)$
d) $S_d\,(0\,|\,2)$

13 Folgende Funktionsgleichungen sind gegeben. Kreuzen Sie an, ob die Parabel nach oben oder nach unten geöffnet ist, ob sie enger (gestreckt) oder weiter (gestaucht) ist als die Normalparabel.

	Die dazugehörige Parabel G_f ist …			
	nach oben geöffnet	**nach unten geöffnet**	**gestreckt**	**gestaucht**
a) $f_a(x) = -\frac{3}{4}x^2$				
b) $f_b(x) = 4x^2$				
c) $f_c(x) = 0{,}7x^2$				
d) $f_d(x) = -3x^2$				
e) $f_e(x) = \frac{1}{2}x^2$				

14 Kreuzen Sie an, welche der Punkte auf der Parabel der Funktion $f(x) = 3{,}5x^2$ liegen.

a) $P_a\,(2\,|\,10)$ ☐ b) $P_b\,(3\,|\,31{,}5)$ ☐ c) $P_c\,(2{,}8\,|\,27{,}44)$ ☐

15 Die Graphen von f_a, f_b, f_c und f_d sind jeweils Verschiebungen der Normalparabel. Geben Sie zu jedem Graphen jeweils den Funktionsterm an.

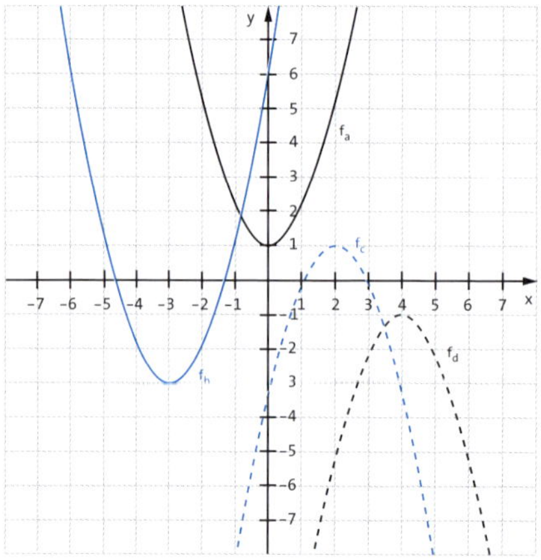

$f_a(x) =$

$f_b(x) =$

$f_c(x) =$

$f_d(x) =$

PRAXISTIPP Quadratische Gleichungen zeichnerisch lösen

Quadratische Gleichungen können Sie zeichnerisch lösen, indem Sie die Funktionsgleichung für y = 0 nach x^2 auflösen und dann sowohl die rechte als auch die linke Seite der Gleichung als separaten Funktionsterm formulieren. Dann zeichnen Sie für jede Funktionsgleichung den Graphen. Die x-Koordinaten der Schnittpunkte sind die Lösungen der Gleichung.

Beispiel: $2x^2 + 2x - 4 = 0$ →

1. Gleichung nach x^2 auflösen:

$$2x^2 + 2x - 4 = 0 \quad | -2x + 4$$
$$2x^2 = -2x + 4 \quad | : 2$$
$$x^2 = -x + 2$$

2. Funktionen wählen:
$f(x) = x^2$ und $g(x) = -x + 2$

3. Graph für f(x) ist die Normalparabel und für g(x) eine Gerade.

4. x-Koordinaten der Schnittpunkte:
$x_1 = -2$; $x_2 = 1$ → L = {−2;1}

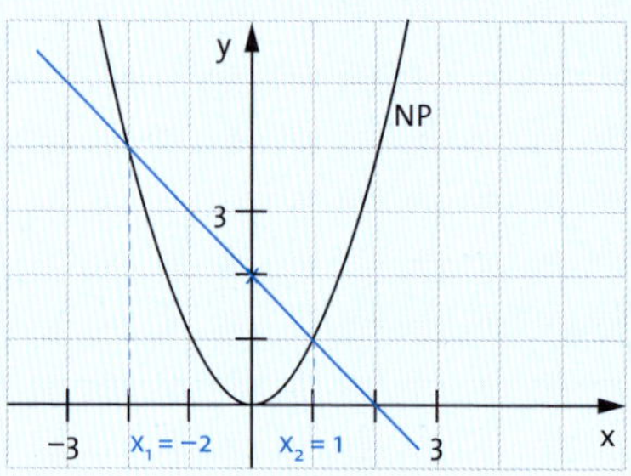

16 Bestimmen Sie die Lösungen der quadratischen Gleichungen zeichnerisch.

a) $x^2 - 9 = 0$ → L = {________}

b) $x^2 - 2x = 0$ → L = {________}

c) $x^2 - x - 6 = 0$ → L = {________}

d) $x^2 + 1{,}5x - 1 = 0$ → L = {________}

7 Geometrie in der Ebene

Winkel

Zwei Strahlen (Halbgeraden) g und h, die von einem gemeinsamen Punkt S ausgehen, bilden einen **Winkel.**

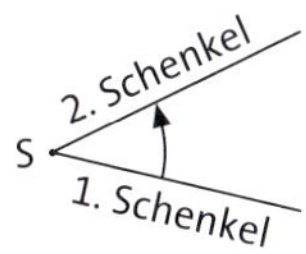

S heißt **Scheitel(punkt),** die beiden Strahlen heißen **Schenkel** des Winkels.

Die Größe eines Winkels wird in der Einheit **Grad** (Zeichen: °) angegeben.

Winkel werden immer **gegen den Uhrzeigersinn** gelesen, gemessen und bezeichnet.

Der Schenkel, der bei einer Drehung um den Punkt S *gegen den Uhrzeigersinn* den Winkel überstreicht, heißt *erster Schenkel,* der andere *zweiter Schenkel.*

Winkel bezeichnet man durch:
- kleine griechische Buchstaben: α, β, γ, ...;
- das Winkelzeichen und die Angabe der beiden Schenkel, von denen der erste Schenkel zuerst notiert wird: $\sphericalangle$ gh.
- das Winkelzeichen und die Angabe von drei Punkten, die den Winkel „einschließen“: ein Punkt des *ersten Schenkels*, den *Scheitelpunkt* und ein Punkt des *zweiten Schenkels*: $\sphericalangle$ ASB.

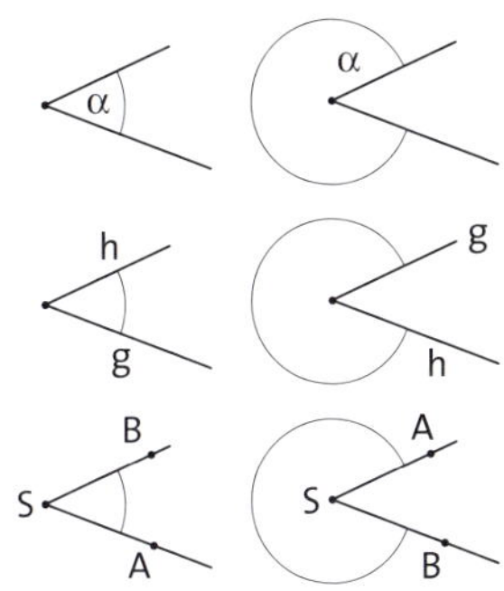

Winkel α

Winkel $\sphericalangle$gh

Winkel $\sphericalangle$ASB

Winkelgesetze

- **Scheitelwinkel** sind gleich groß. (1)
- Die Summe von **Nebenwinkeln** ergibt immer 180°. (2)
- **Stufenwinkel** an *Parallelen* sind gleich groß. (3)
- **Wechselwinkel** an *Parallelen* sind gleich groß. (4)

(1)

(2)

(3)

(4)

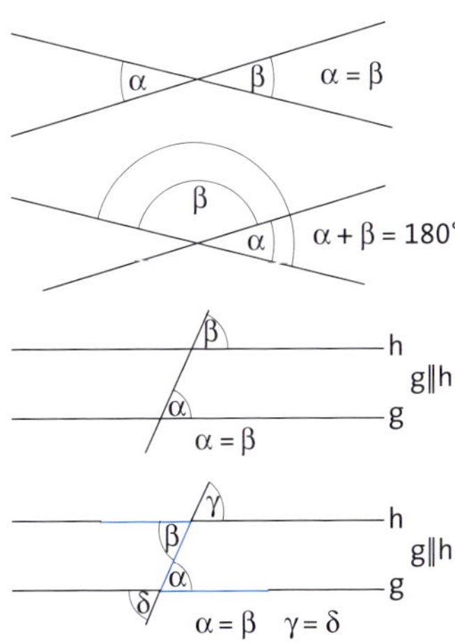

Regelmäßige Vierecke

Für Vierecke (auch unregelmäßige) gilt:
- Der **Umfang** u ist die Summe der vier Seitenlängen.
- Die Summe der **Innenwinkel** ist 360°.

$u = a + b + c + d$
$\alpha + \beta + \gamma + \delta = 360°$

Bei einem **Rechteck** beträgt jeder Innenwinkel 90°, die gegenüberliegenden Seiten sind parallel und gleich lang.

$A = a \cdot b$
$\alpha = \beta = \gamma = \delta = 90°$
$a = c; b = d; e = f = \sqrt{a^2 + b^2}$

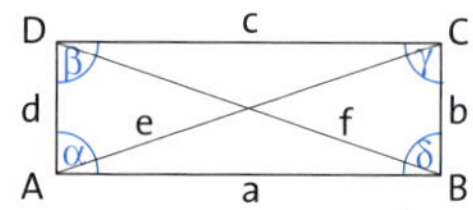

Ein **Quadrat** ist ein Rechteck, bei dem alle vier Seiten gleich lang sind.

$A = a^2$
$a = b = c = d; e = f$
$e \perp f; a \perp b; c \perp d; b \perp c; a \perp d$

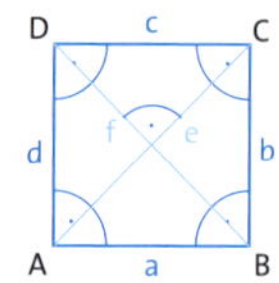

Ein **Rhombus** (Raute) hat vier gleich lange Seiten. Die gegenüberliegenden Winkel sind gleich groß. Die gegenüberliegenden Seiten sind parallel.

$A = \frac{1}{2}ef$
$a = b = c = d; a \parallel c; b \parallel d$
$e^2 = 4a^2 - f^2$

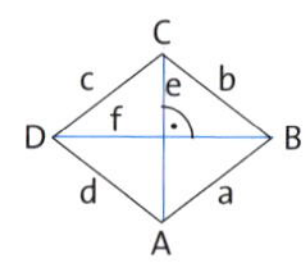

Bei einem **Parallelogramm** sind die gegenüberliegenden Seiten parallel und gleich lang. Die gegenüberliegenden Winkel sind gleich groß.

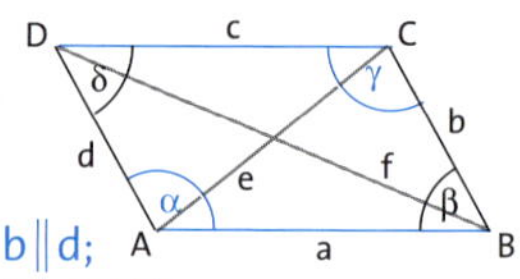

$A = a \cdot h_a$
$a = c; b = d; a \parallel c; b \parallel d;$
$\alpha = \gamma; \beta = \delta; \alpha + \beta = 180°$
$2(a^2 + b^2) = e^2 + f^2$

Ein **Trapez** hat mindestens zwei parallele Seiten:
- Beim **rechtwinkligen** Trapez sind zwei benachbarte Seiten rechtwinklig.

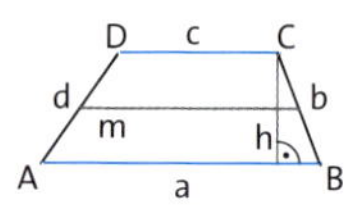

$A = \frac{1}{2} \cdot (a + c) \cdot h$ oder
$A = m \cdot h$

- Beim **gleichschenkligen** Trapez sind die nicht parallelen Seiten gleich lang.

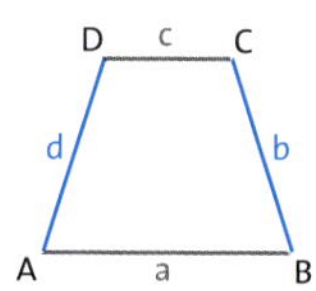

$d = b$

Bei einem **Drachenviereck** sind je zwei benachbarte Seiten gleich lang.

$A = \frac{1}{2}ef$
$a = d$
$b = c$

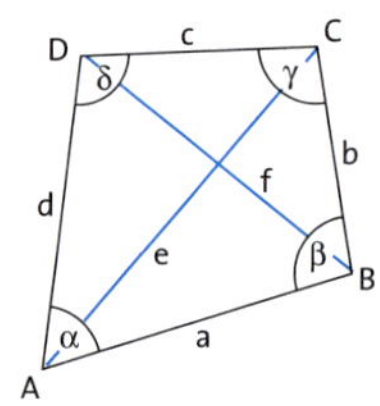

Dreiecke

Für alle Dreiecke gilt:
- Der **Umfang** u ist die Summe der drei Seitenlängen.
- Die Summe der **Innenwinkel** beträgt 180° **(Innenwinkelsatz).**
- Jeder **Außenwinkel** eines Dreiecks ist so groß wie die Summe der beiden nicht anliegenden Innenwinkel **(Außenwinkelsatz).**
- Den **Flächeninhalt** ist das halbe Produkt aus einer Seite und der dazugehörigen Höhe. Mitunter liegt die Höhe einer Seite außerhalb des Dreiecks.

$u = a + b + c$

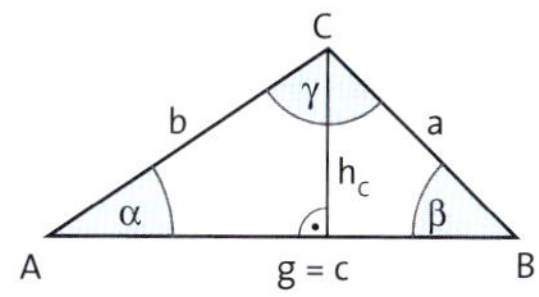

$A = \frac{1}{2}gh$

Arten von Dreiecken

- Bei **gleichschenkligen Dreiecken** haben zwei Seiten die gleiche Länge. (1)

(1)

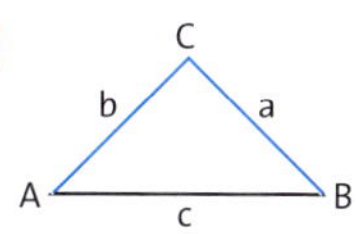

$a = b$

- Bei **gleichseitigen Dreiecken** sind alle drei Seiten gleich lang und alle Innenwinkel gleich groß (60°). (2)

(2)

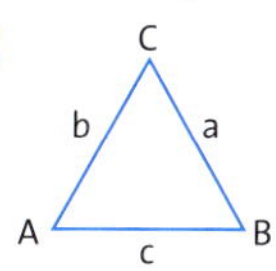

$a = b = c$

Bei **rechtwinkligen Dreiecken** misst ein Innenwinkel genau 90°. (3)

(3)

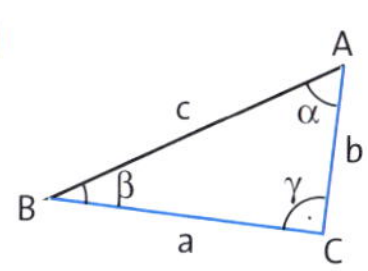

$\gamma = 90°$

Rechtwinklige Dreiecke

Die beiden Schenkel des rechten Winkels heißen **Katheten.** Die dem rechten Winkel gegenüberliegende Seite heißt **Hypotenuse.**
Durch die Höhe wird die Hypotenuse in die Hypotenusenabschnitte p und q zerlegt.
Der **Flächeninhalt** eines rechtwinkligen Dreiecks ist das halbe Produkt aus den beiden Katheten: $A = \frac{1}{2}ab$

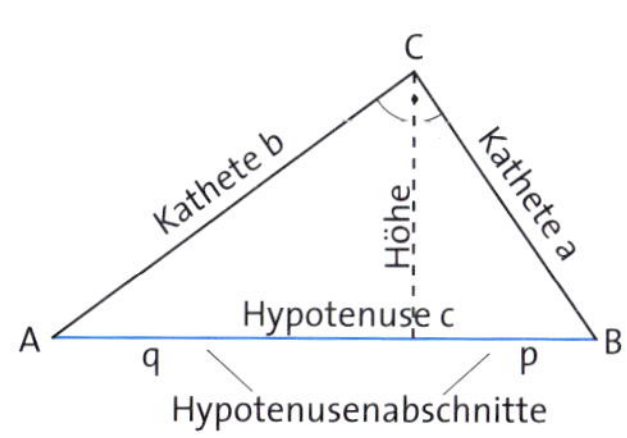

Die Hypotenuse ist stets die längste Seite.

Der Satz des Pythagoras

Im **rechtwinkligen** Dreieck ist der Flächeninhalt des Quadrats über der Hypotenuse gleich der Summe der Flächeninhalte der Quadrate über den Katheten:

$c^2 = a^2 + b^2 \rightarrow$ dadurch gilt auch:
$c = \sqrt{a^2 + b^2}$

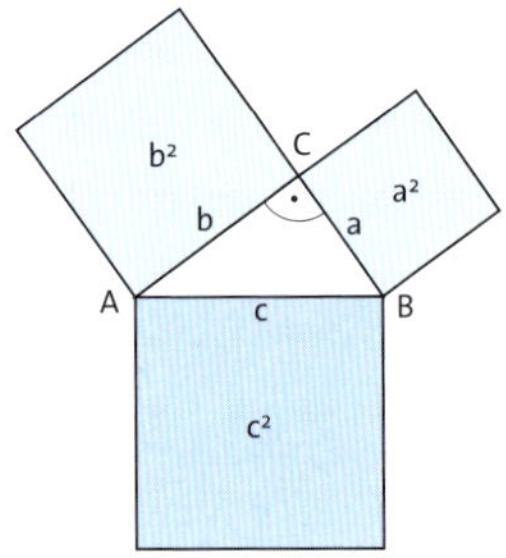

Berechnungen am Kreis

Die Verbindungslinie zwischen einem beliebigen Punkt auf der Kreislinie und dem Mittelpunkt heißt **Radius** r.
Der **Durchmesser** d verläuft durch den Mittelpunkt des Kreises und zwei Punkte auf der Kreislinie und teilt diesen in zwei Halbkreise.

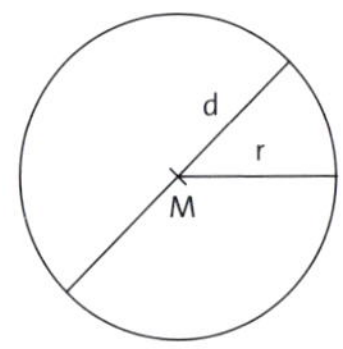

Es gilt: $d = 2 \cdot r$

Der **Umfang** u eines Kreises ist proportional zu seinem Durchmesser: $u \sim d$.
Die Formel zur Berechnung des Kreisumfangs lautet:
$u = \pi \cdot d$ oder $u = 2 \cdot \pi \cdot r$

Berechnen Sie den Durchmesser eines Baumes mit dem Umfang 1,84 m.
geg.: u = 1,84 m; ges.: d

$u = \pi \cdot d$; somit: $d = \frac{u}{\pi}$.

$d = \frac{1{,}84\ \text{m}}{\pi}$; $d \approx 0{,}59$ m

Der **Flächeninhalt** A eines Kreises ist proportional zum Quadrat vom Radius: $A \sim r^2$. Die Formel zur Berechnung der Kreisfläche lautet: $A = \pi \cdot r^2$

Der Proportionalitätsfaktor ist jeweils die **Kreiszahl** π (pi).
Beim Rechnen ohne Taschenrechner verwendet man für π die Näherungen

$\pi \approx 3{,}14$ oder $\pi \approx \frac{22}{7}$.

Der **Flächeninhalt eines Kreisringes** ist die Differenz aus dem Flächeninhalt des äußeren Kreises und des inneren Kreises:

$A = \pi \cdot (r_2^2 - r_1^2)$

Den **Flächeninhalt** A_S **eines Kreisausschnitts** S berechnet man aus dem Verhältnis des Mittelpunktswinkels zum Vollwinkel:
Aus $A_{\text{Kreis}} = \pi \cdot r^2$ folgt: $A_S = \frac{\alpha}{360°} \cdot \pi \cdot r^2$

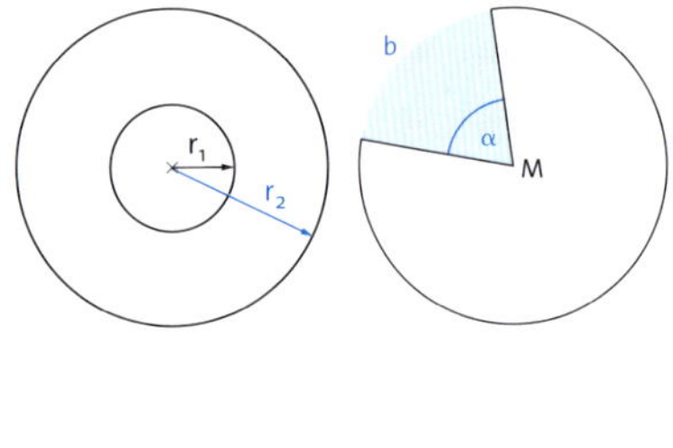

7.1 Winkel

1 Tragen Sie die folgenden Winkel mit farbigen Kreisbögen in die Figur ein und bezeichnen Sie diese mit den entsprechenden Buchstaben α, β, γ usw.

$\alpha = \sphericalangle ab$
$\beta = \sphericalangle cd$
$\gamma = \sphericalangle bd$
$\delta = \sphericalangle db$
$\varepsilon = \sphericalangle ad$

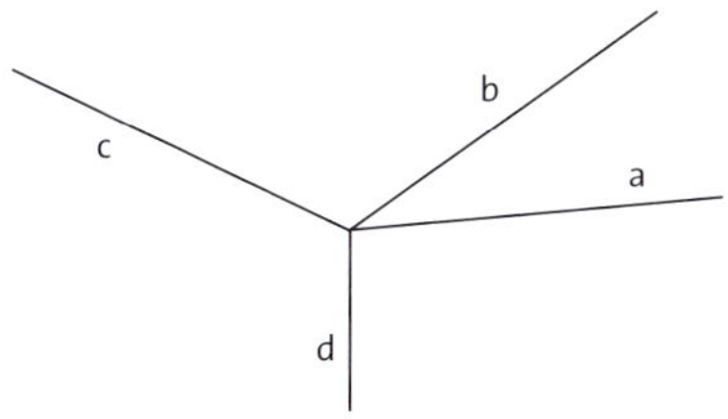

2 Tragen Sie die angegebenen Winkel mit farbigen Kreisbögen in die Figur ein und bezeichnen Sie diese mit den entsprechenden Buchstaben α, β, γ usw.

α = BAD
β = CBA
γ = CDA
δ = DEC
ε = DAB

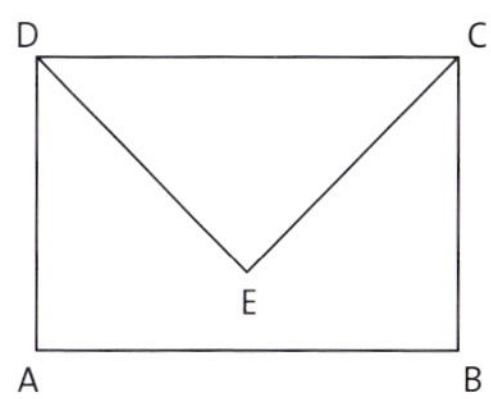

3 Benennen Sie alle eingezeichneten Winkel mithilfe der angegebenen Punkte und Geraden.

a) $\sphericalangle$ BAC = $\sphericalangle$ BAE

b) $\sphericalangle$ ab

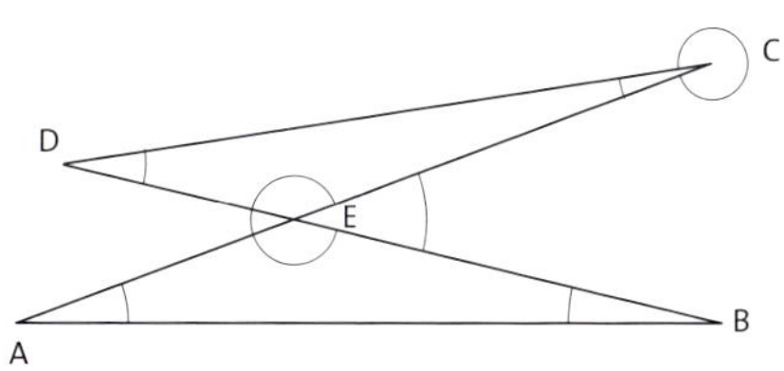

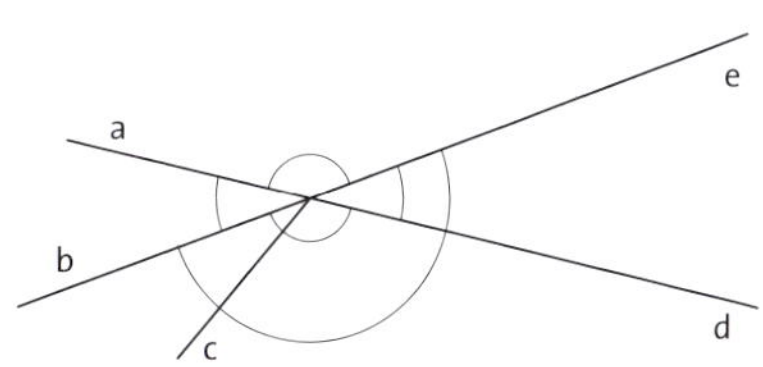

4 Färben Sie gleich große Winkel in der gleichen Farbe. Die Geraden b und c sind parallel. Die Gerade a steht senkrecht auf d.

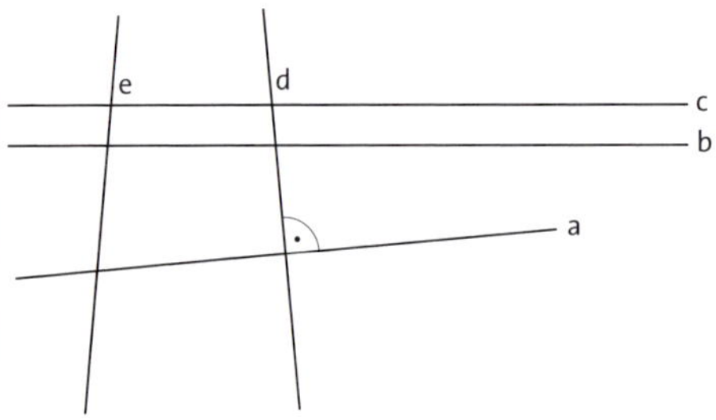

5 Wie groß sind α und β, wenn ...

	α	β
a) α 34° beträgt und β der Scheitelwinkel zu α ist?	______	______
b) α um 20° größer ist als sein Nebenwinkel β?	______	______
c) α um 110° größer ist als sein Nebenwinkel β?	______	______
d) α doppelt so groß ist wie sein Nebenwinkel β?	______	______

7.2 Regelmäßige Vierecke

6 Berechnen Sie den Flächeninhalt der Rechtecke und geben Sie diesen in einer Maßzahl mit möglichst wenigen Nullen, aber ohne Komma an. Markieren Sie, welche Lösung stimmt.

a) a = 3 dm; b = 4 cm	A =	$12\ cm^2$	$12\ dm^2$	$120\ cm^2$
b) a = 12 m; b = 2 dm	A =	$240\ dm^2$	$24\ dm^2$	$0{,}24\ m^2$
c) a = 70 mm; b = 3 cm	A =	$21\ cm^2$	$21\ mm^2$	$24\ cm^2$
d) a = 2 dm; b = 80 cm	A =	$24\ dm^2$	$16\,000\ cm^2$	$16\ dm^2$
e) a = 50 mm; b = 8 dm	A =	$3000\ mm^2$	$4\ dm^2$	$50\ cm^2$
f) a = 6 km; b = 3000 m	A =	$18\,000\ m^2$	$18\ km^2$	$24\ km^2$
g) a = 200 m; b = 5 km	A =	$1\ km^2$	$100\,000\ m^2$	$200\,000\ m^2$

7 Vervollständigen Sie die Tabelle für die angegebenen Rechtecke.

1. Seite	2. Seite	Flächeninhalt	Umfang
5 m		40 m^2	26 m
3 cm	7 cm		
7,5 mm	4 mm		
6 cm		30 cm^2	
	14 cm		40 cm
40 cm		1600 cm^2	
		36 km^2	24 km

8 Berechnen Sie die Flächeninhalte der abgebildeten Figuren. Geben Sie außerdem die Länge der Grundseite (g) an.

a)
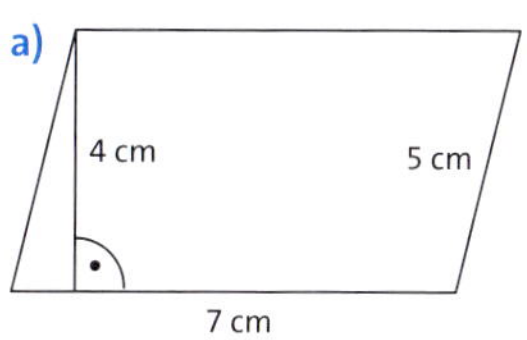

b)
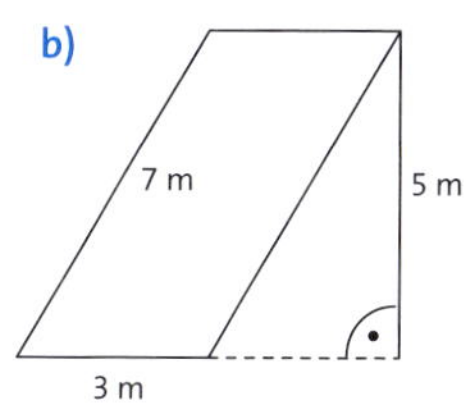

c)
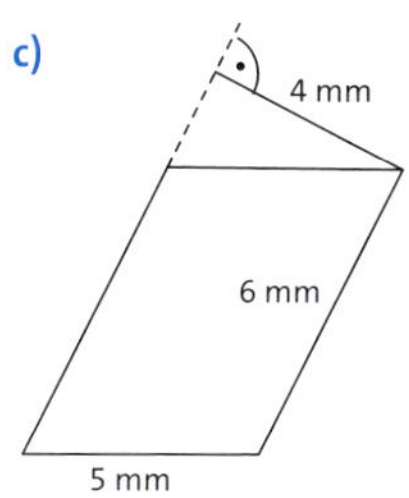

d)
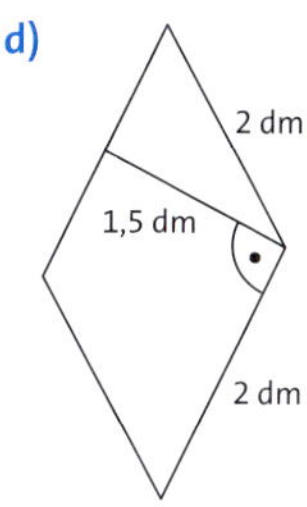

A = ________ A = ________ A = ________ A = ________

g = ________ g = ________ g = ________ g = ________

7.3 Dreiecke

9 Gegeben sind die abgebildeten Dreiecke. Bestimmen Sie die Dreiecke nach ihrer Winkelgröße und berechnen Sie alle Flächeninhalte in Ihrem Heft.

a)
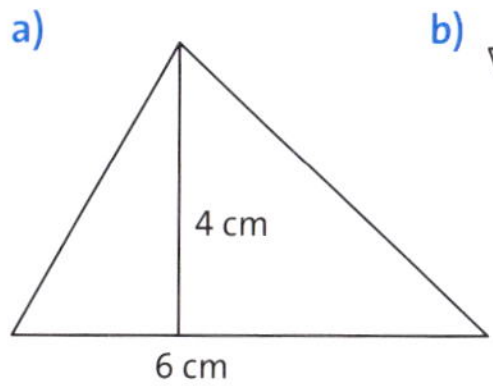

b)
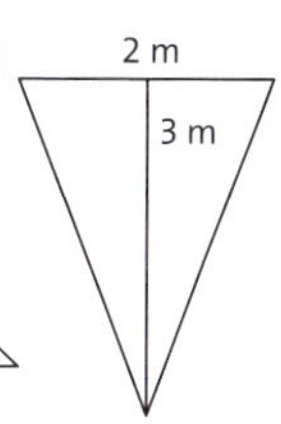

c)
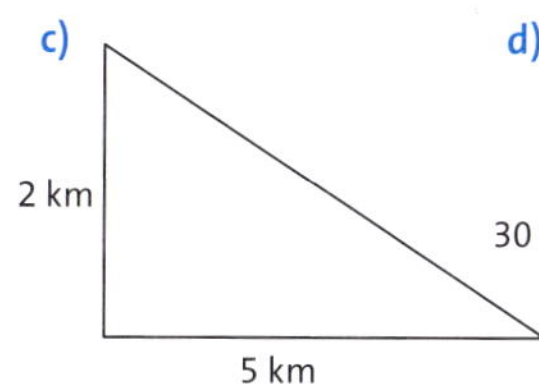

d)
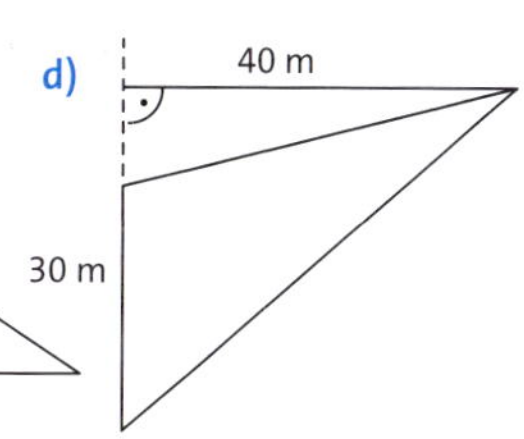

10 Berechnen Sie die fehlenden Größen unter der Voraussetzung, dass im Dreieck RST der Winkel RTS 90° beträgt. Fertigen Sie vorher eine Skizze an und vervollständigen Sie die Tabelle.

	a)	b)	c)	d)	e)	f)
TR	3,6 cm		2,3 dm	332 mm		23,6 m
ST	7,7 cm	8,2 cm	16 cm		3,9 km	
RS		12,9 cm		6,49 dm	4200 m	33,4 m

11 Rechnen Sie mithilfe des Satzes des Pythagoras. Fertigen Sie eine Skizze an.

a) Die Diagonale eines Quadrats ist 17,68 cm lang. Wie groß sind der Umfang und der Flächeninhalt dieses Quadrats?

b) Bei einem Rechteck mit einem Umfang von 32 cm ist die eine Seite 3 cm länger als die andere. Geben Sie den Flächeninhalt und die Länge der Diagonalen dieses Rechtecks an.

12 Ergänzen Sie die fehlenden Größen.

Grundseite	**Höhe**	**Parallelogrammfläche**	**Dreiecksfläche**
5 cm	6 cm		15 cm^2
12 dm	3 dm		
2,5 km	4 km		
11 cm		132 cm^2	
	6 cm	54 cm^2	
4,5 mm			13,5 mm^2

13 Berechnen Sie den Flächeninhalt des einbeschriebenen Parallelogramms, indem Sie die Differenz aus der Rechtecksfläche und den Dreiecksflächen ermitteln.

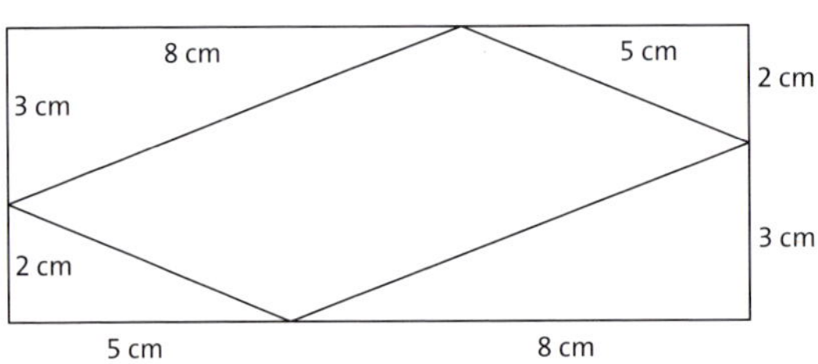

7.4 Berechnungen am Kreis

14 Vervollständigen Sie die Tabelle.

Radius	Durchmesser	Umfang	Flächeninhalt	Halbkreisfläche
12,5 cm				
			16 dm^2	
	0,65 km			
		62,8 mm		
				3,8 m^2

15 Lösen Sie folgende Fragestellungen aus der Praxis. Fertigen Sie jeweils eine Skizze an.

a) Um eine kreisförmige Rasenfläche mit dem Radius 6 m soll Gärtner Kruse ein ringförmiges Blumenbeet von 88 m^2 Inhalt anlegen. Wie breit kann das Blumenbeet werden?

b) Ein rundes Zirkuszelt hat den Durchmesser 20 m. Die runde Manege, die sich genau im Zentrum des Zeltes befindet, hat den Radius 6,5 m. Berechnen Sie die Fläche, die für die Sitzreihen der Zuschauer zur Verfügung steht.

7.5 Zusammengesetzte Flächen

PRAXISTIPP Zusammengesetzte Flächen und Einzelflächen

Um die Fläche unregelmäßiger oder zusammengesetzter Figuren zu berechnen, zerlegen Sie diese in einzelne Quadrate, Rechtecke, Dreiecke und/oder Kreise bzw. Kreissegmente und berechnen deren Einzelflächen. Die Summe bzw. die Differenz ergibt die Gesamtfläche der Figur.

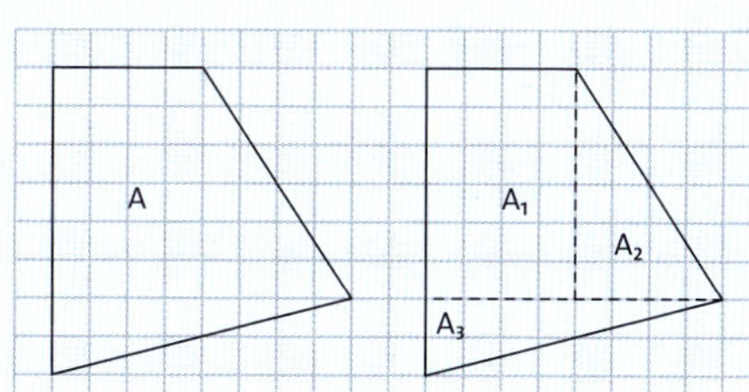

16 Bestimmen Sie die Flächeninhalte folgender Figuren. 1 Kästchen ≙ 0,5 cm.

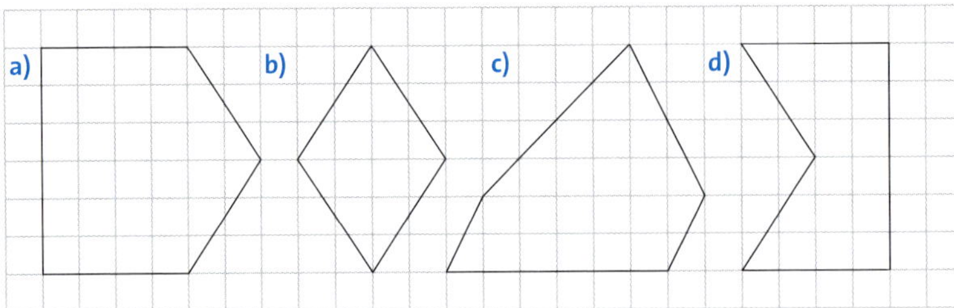

17 Berechnen Sie den Umfang und den Flächeninhalt der abgebildeten zusammengesetzten Flächen. Fehlende Längenangaben können an anderer Stelle abgelesen oder mithilfe anderer Werte berechnet werden.

a)
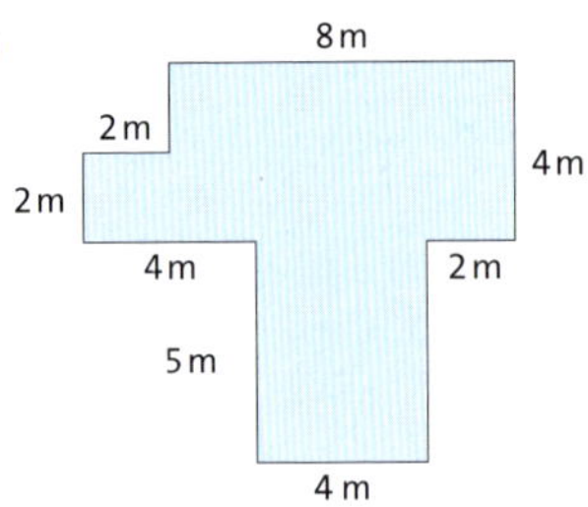

b)
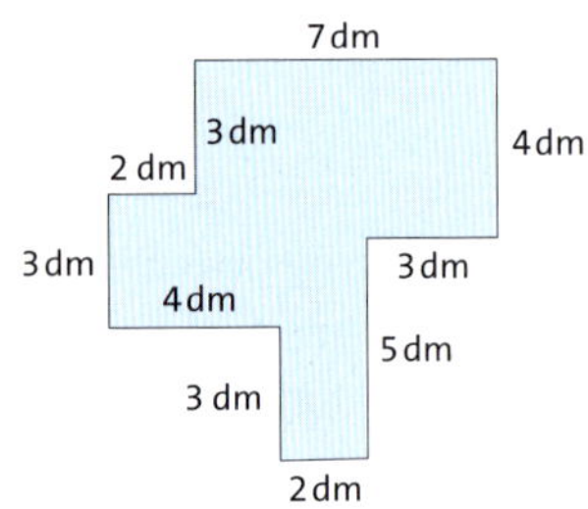

c)
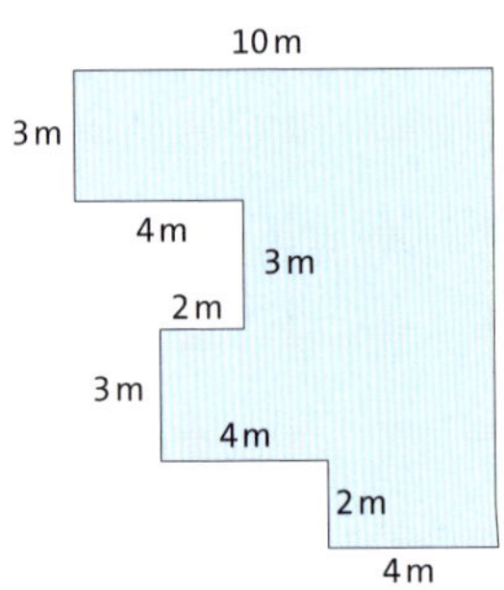

d)
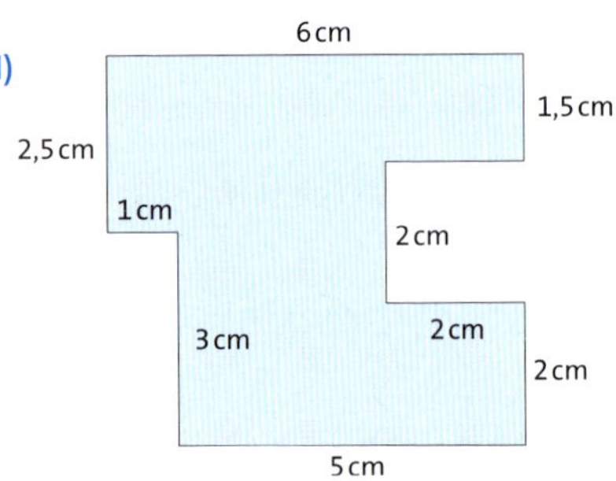

18 Aus einem quadratischen Stück Stoff mit 1 m Seitenlänge werden gleich große Kreisflächen ausgeschnitten. Berechnen Sie jeweils, wie viel m^2 Stoff übrig bleiben.

a)
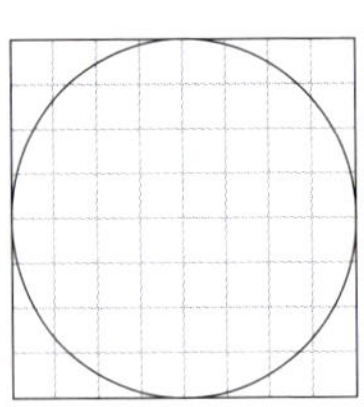

b)
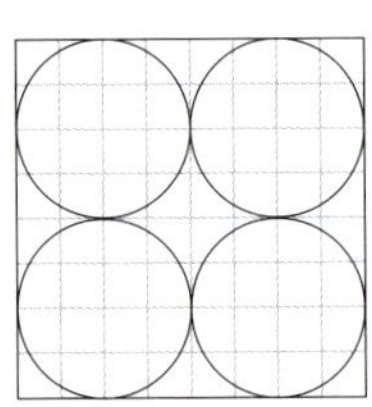

c)
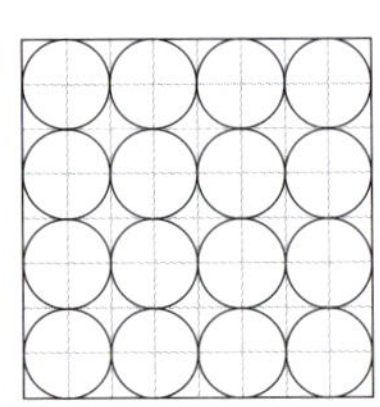

7.6 Anwendungs- und Sachaufgaben

PRAXISTIPP **Verkleinern und vergrößern beim Kopieren**

Faltet man ein DIN-A3-Blatt in der Mitte, so erhält man das DIN-A4-Format. Faltet man dieses in der Mitte, so erhält man 4 Lagen der Größe DIN A5 usw.

Beim Kopieren soll häufig Papier gespart werden. Deshalb verkleinert man oft zwei DIN-A4-Seiten auf eine DIN-A4-Seite. Dazu muss am Kopierer ein Verkleinerungsfaktor eingestellt werden, aber welcher?

Bei einem Blatt im DIN-Format gilt für das Verhältnis der beiden Seitenlängen:

$$\frac{\text{Breite}}{\text{Länge}} = \frac{1}{\sqrt{2}} \approx 0{,}7071$$

Ein DIN-A4-Blatt ist zum Beispiel 210 mm breit und 297 mm lang:

$$\frac{210\text{ mm}}{297\text{ mm}} \approx 0{,}70707$$

Also muss beim Kopieren der Verkleinerungsfaktor

$\frac{1}{\sqrt{2}} = 0{,}707 = 70{,}7\,\%$ eingestellt werden.

Will man umgekehrt ein DIN-A4-Blatt auf DIN-A3-Größe vergrößern, muss man den Vergrößerungsfaktor $\sqrt{2} = 1{,}41 = 141\,\%$ einstellen.

19 Maler Zillinger soll den Zaun von Familie Mettler neu streichen.

a) Die 9 rechteckigen Holzelemente sind jeweils 3 m breit und 250 cm hoch. Sie müssen beidseitig gestrichen werden. Wie viele Dosen Farbe muss der Einkauf des Betriebs bestellen, wenn eine Dose für 6 m² Fläche reicht?

b) Der Maler stellt bei der Arbeit fest, dass die Einrahmungen aller Zaunelemente stark verwittert sind und erneuert werden müssen. Wie viele Meter Holzleisten werden benötigt, wenn alle vier Seiten erneuert werden?

20 Ein Verkehrsplanungsbüro überlegt: Vierspurige Autobahnen sind etwa 35 m breit, eine zweispurige Bahntrasse hat eine Breite von etwa 14 m. Wie viel ha Wald müssen jeweils gerodet werden, um eine 22 km lange Autobahn bzw. eine ebenso lange Bahnstrecke durch einen Wald zu legen? Um welchen Faktor ist der Platzbedarf einer Autobahn höher?

21 Die angehenden Landschaftsgärtnerinnen und -gärtner der Firma Seidenspinner sollen einen Schaugarten für die Kundschaft gestalten. Drei Entwürfe für eine Beetgestaltung kommen in die engere Auswahl. Berechnen Sie die Rasenflächen (farbige Flächen), die die Rabatten umsäumen sollen. 2 Kästchen entsprechen einem Meter.

a) 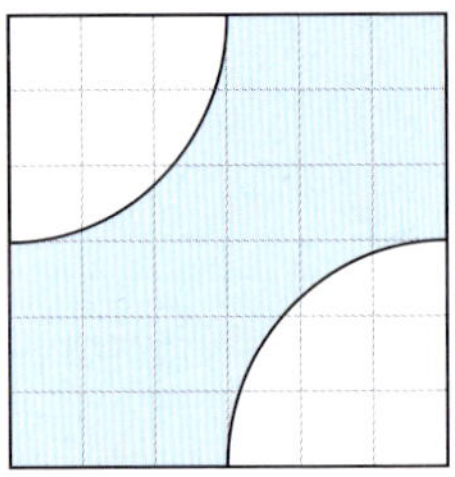

b) 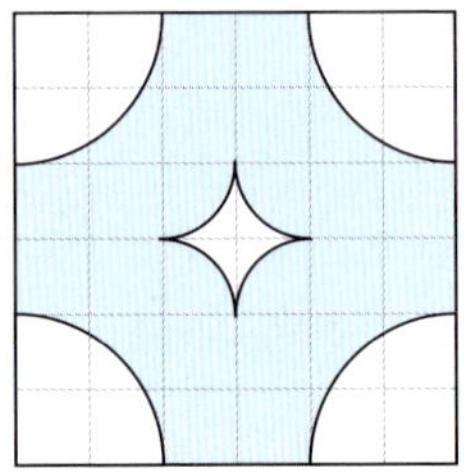

c) 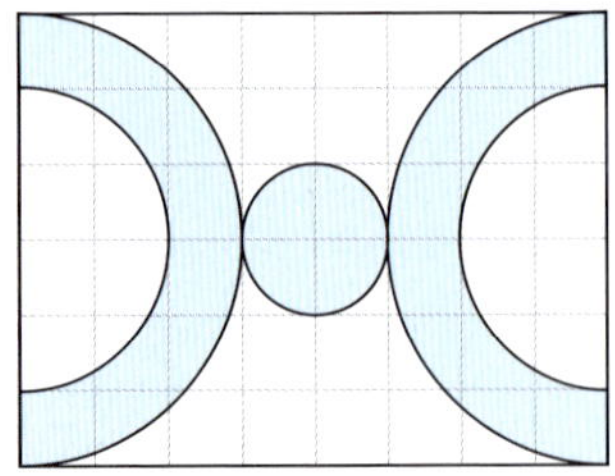

22 Aus einem Baumstamm sollen Zimmermänner einen Balken mit quadratischem Querschnitt so herausschneiden, dass eine möglichst große Querschnittsfläche entsteht. Bestimmen Sie die Größe der Quadratfläche. Der Umfang des Baumes wurde an der schmalsten Stelle mit 1,73 m gemessen.

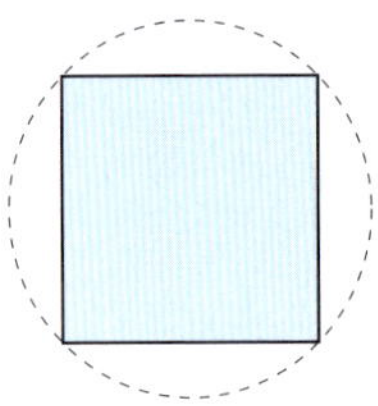

23 In der Abbildung sehen Sie die Maße einer Tischplatte.

a) Berechnen Sie die Tischfläche.

b) Beim Eindecken für eine Festtafel rechnet man etwa 75 cm Platz pro Person. Für wie viele Gäste kann an diesem Tisch eingedeckt werden?

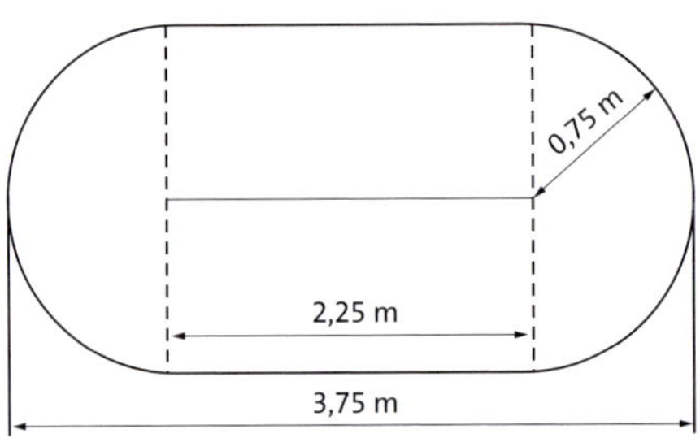

8 Geometrie im Raum

Darstellung von Körpern

Um Körper auf dem Papier (räumlich) darzustellen, verwendet man Netze oder Schrägbilder.

- Das **Netz** eines Körpers entsteht, wenn man ihn entlang geeigneter Kanten auftrennt und die zusammenhängenden Flächen in der Ebene ausbreitet. Ein Netz eines Körpers zeigt die gesamte **Oberfläche** des Körpers.

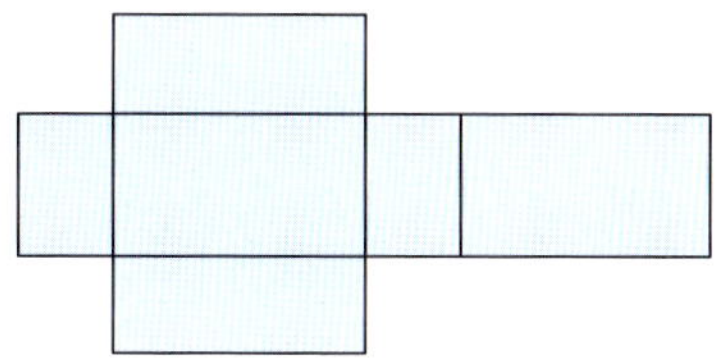

- Um das **Schrägbild** eines Körpers abzubilden, geht man so vor:

1. Man zeichnet zuerst die Vorderfläche und
2. daran an jeder Ecke eine 45°-Linie an.
3. Die *nach hinten* verlaufenden Kanten (Höhen) des Körpers werden in *halber* Länge abgetragen.
4. Zuletzt zeichnet man die Rückfläche des Körpers.
5. Nicht sichtbare Linien werden mit gestrichelter Linie gezeichnet.

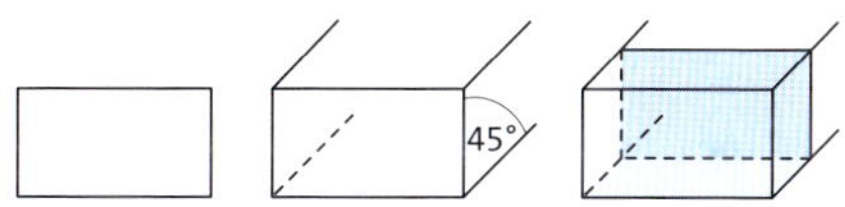

Quader

Ein **Quader** wird durch sechs Rechtecke begrenzt. Einander gegenüberliegende Rechtecke sind kongruent (deckungsgleich). Jeweils vier der zwölf **Kanten** sind zueinander parallel.

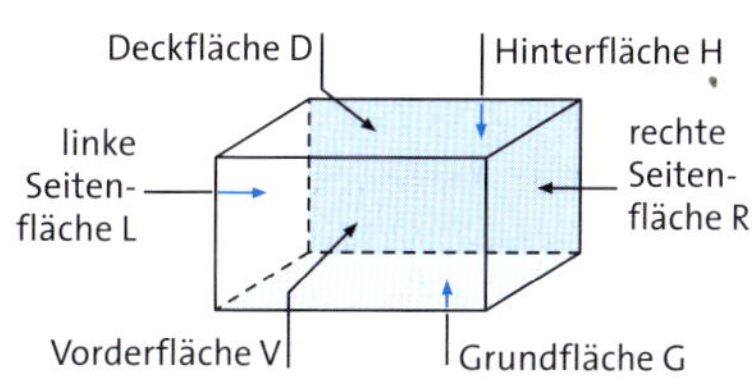

Volumen: $V = a \cdot b \cdot c$

Oberflächeninhalt:
$A_O = 2 \cdot a \cdot b + 2 \cdot a \cdot c + 2 \cdot b \cdot c$

Würfel

Ein **Würfel** ist ein Quader, dessen Kanten alle gleich lang sind.

Volumen: $V = a^3$

Oberflächeninhalt: $A_O = 6 \cdot a^2$

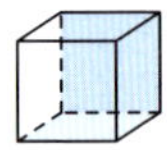

Schrägbild

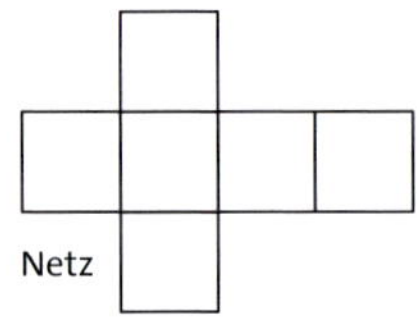

Netz

Zusammengesetzte Körper

Um das **Volumen zusammengesetzter Körper** zu bestimmen, zerlegt man diese möglichst geschickt in Quader und/oder Prismen, Pyramiden, Zylinder, Kegel, Kugelabschnitte/Kugelsektoren/Kugelschichten und addiert (subtrahiert) deren Volumina.

Für die Berechnung der **Oberfläche zusammengesetzter Körper** werden alle Seitenflächen (Außenflächen) addiert.

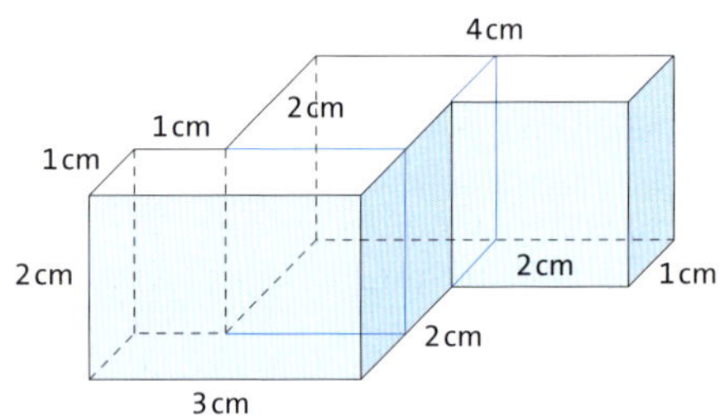

Bei dieser Aufteilung erhalten Sie drei Teilquader mit den Rauminhalten:
$V_1 = 3\text{ cm} \cdot 1\text{ cm} \cdot 2\text{ cm} = 6\text{ cm}^3$
$V_2 = 2\text{ cm} \cdot 2\text{ cm} \cdot 2\text{ cm} = 8\text{ cm}^3$
$V_3 = 2\text{ cm} \cdot 1\text{ cm} \cdot 2\text{ cm} = 4\text{ cm}^3$
Das Gesamtvolumen beträgt 18 cm³.

Zylinder

Ein **Zylinder** wird begrenzt von:
- zwei kongruenten, zueinander parallelen Kreisflächen und
- einer gekrümmten Mantelfläche, die abgerollt ein Rechteck darstellt.

Volumen: $V = A_G \cdot h$
mit $A_G = \pi r^2$ oder $A_G = \frac{\pi}{4}d^2$

Oberflächeninhalt:
$A_O = 2A_G + A_M = 2\pi r^2 + 2\pi rh$

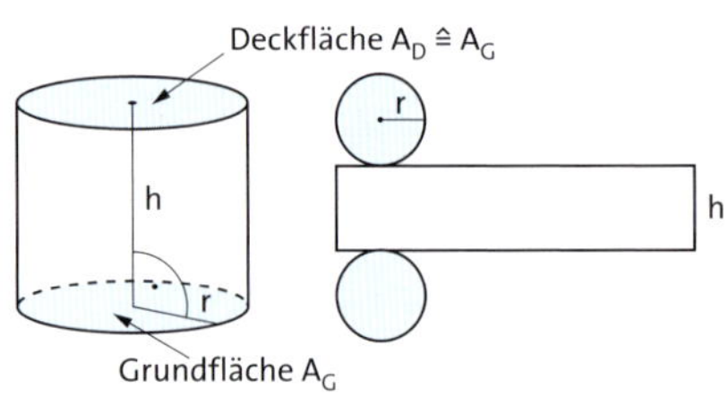

Ein 3 m hoher, zylindrischer Wasserbehälter ist mit 32 m³ Wasser gefüllt. Wie groß ist der Radius der Grundfläche?

$V = 32\text{ m}^3;\ r = \sqrt{\frac{V}{\pi \cdot h}} = \sqrt{\frac{32\text{ m}^3}{\pi \cdot 3\text{ m}}}$

$r \approx 1{,}8\text{ m}$

Prisma

Ein **Prisma** wird begrenzt von:

- einer **Grund-** und einer **Deckfläche,** die zueinander parallele und kongruente n-Eckflächen sind;
- einer **Mantelfläche** (die Seitenflächen), die aus n Parallelogrammen besteht.
- Der Abstand zwischen Grund- und Deckfläche heißt (Körper-)**Höhe** h.

Volumen: $V = A_G \cdot h$

Oberflächeninhalt: $A_O = 2A_G + A_M$

Bei einem *geraden Prisma* stehen die Seitenkanten *senkrecht* auf der Grundfläche; bei einem *schiefen Prisma* nicht. Ist die Grundfläche eines geraden Prismas eine regelmäßige n-Eckfläche, spricht man vom **regelmäßigen Prisma.**

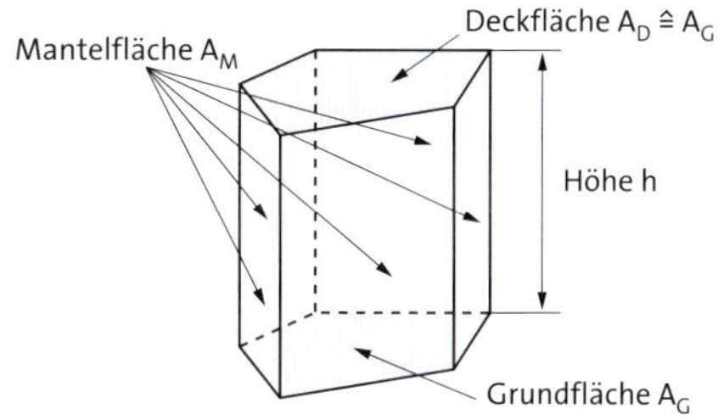

Gegeben ist ein gerades Prisma, dessen Grundfläche ein regelmäßiges Sechseck ist. a = 6 cm; h = 10,5 cm
Gesucht sind Volumen und Oberflächeninhalt.
h_a: Höhe des gleichseitigen Dreiecks in A_G

$h_a^2 = a^2 - (\frac{a}{2})^2 \approx 5{,}2$ cm

$A_G = 6 \cdot \frac{a \cdot h_a^2}{2} = 3 \cdot a \cdot h_a \approx 93{,}6\ cm^2$

$V = A_G \cdot h \approx 93{,}6\ cm^2 \cdot 9\ cm \approx 842{,}4\ cm^3$
$A_M = 6 \cdot a \cdot h = 378\ cm^2$
$A_O = 2A_G + A_M = 565{,}2\ cm^2$

Pyramide

Eine **Pyramide** wird begrenzt von:

- einer Grundfläche (n-Eckfläche) und
- n Dreiecksflächen mit gemeinsamem Scheitelpunkt S (Spitze der Pyramide).
- Die **Höhe** des Körpers wird mit h bezeichnet.
- Die **Seitenhöhen** der Dreiecksflächen des Mantels werden häufig mit h_s oder h_a bezeichnet.

Volumen: $V = \frac{1}{3} A_G h$

Oberflächeninhalt: $A_O = A_G + A_M$

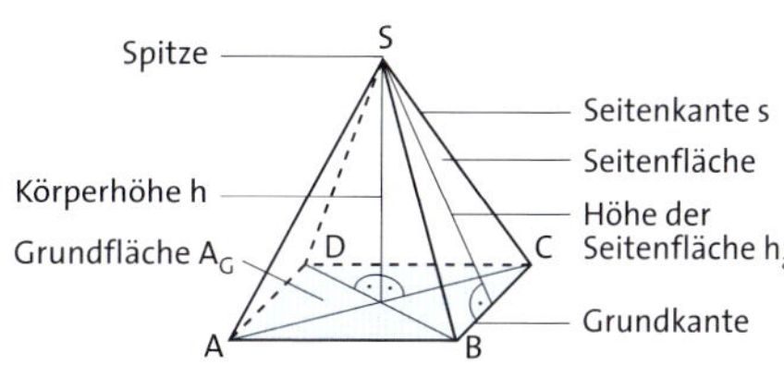

Gesucht sind Volumen und Oberflächeninhalt der quadratischen Pyramide mit a = 6 cm; h = 8 cm. Die Höhe h_a der Dreiecksflächen des Mantels beträgt etwa 8,5 cm.
$A_G = a^2 = 36\ cm^2$
$V = \frac{1}{3} \cdot A_G \cdot h = \frac{1}{3} \cdot 288\ cm^3 = 96\ cm^3$
$A_M = 2 \cdot a \cdot h_a \approx 102\ cm^2$
$A_O \approx 36\ cm^2 + 102\ cm^2 \approx 138\ cm^2$

Kegel

Ein gerader **Kreiskegel** ist begrenzt von:
- einer Grundfläche (Kreisfläche) und
- einer gekrümmten Fläche, die abgerollt einen Kreisausschnitt (mit Radius s) ergibt.

Der **Mantel** A_M ist ein Ausschnitt aus der Kreisfläche A_K. Damit gilt:

$\frac{A_M}{A_K} = \frac{b}{2\pi s}$; $\frac{A_M}{\pi s^2} = \frac{2\pi r}{2\pi s}$; also $\mathbf{A_M = \pi rs}$

Volumen: $\mathbf{V = \frac{1}{3}A_G \cdot h}$

mit $A_G = \pi r^2$ bzw. $A_G = \frac{1}{4}\pi d^2$

Oberflächeninhalt: $\mathbf{A_O = A_G + A_M}$
mit $A_G = \pi r^2$ und $A_M = \pi rs$

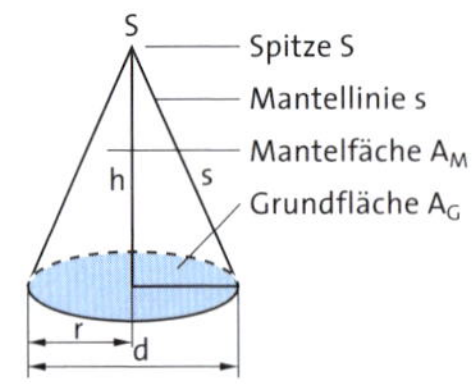

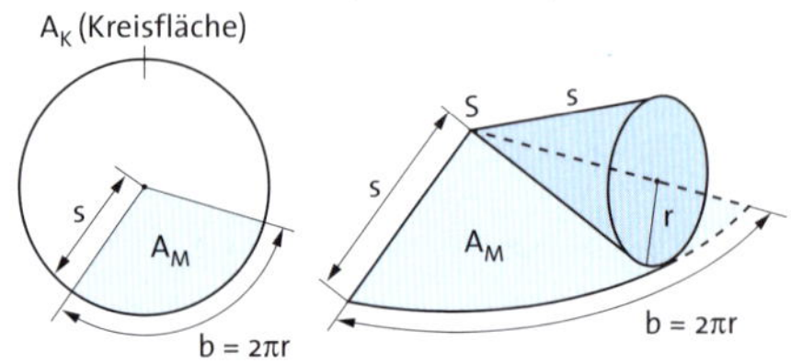

Gesucht ist der Radius des Grundkreises eines Kegels, dessen Volumen etwa 56,55 cm³ beträgt und dessen Höhe 6 cm lang ist.

$V = \frac{1}{3}\pi \cdot r^2 \cdot h$; $r = \sqrt{\frac{3V}{\pi \cdot h}} = \sqrt{\frac{3 \cdot 56{,}55\ \text{cm}^3}{\pi \cdot 6\ \text{cm}}}$

$r \approx 3$ cm

Für den Oberflächeninhalt gilt:
$s = \sqrt{h^2 + r^2}$; $s \approx 6{,}7$ cm
$A_O = \pi \cdot r \cdot (r + s)$; $A_O \approx 91{,}4\ \text{cm}^2$

Kugel

Unter einer **Kugel** versteht man einen Kugelkörper oder eine Kugelfläche.
- Die Menge aller Punkte, deren Entfernung von M gleich r ist, bildet eine **Kugelfläche.**
- Ein **Kugelkörper** ist die Menge aller Punkte des Raumes, deren Entfernung von einem festen Punkt M höchstens r ist.

Volumen: $\mathbf{V = \frac{4}{3}\pi r^3}$

Oberflächeninhalt: $\mathbf{A_O = 4\pi r^2}$

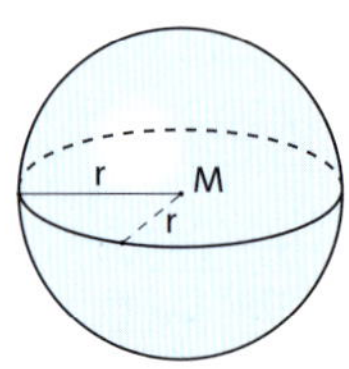

Gesucht sind Volumen und Oberflächeninhalt einer Kugel mit r = 5 cm.

$V = \frac{4}{3}\pi 5^3\ \text{cm}^3 \approx 523{,}6\ \text{cm}^3$;

$A_O = 4 \cdot \pi \cdot 25\ \text{cm}^2 \approx 314{,}16\ \text{cm}^2$

8.1 Quader und Würfel

1 Vervollständigen Sie die Tabelle und berechnen Sie jeweils Volumen und Oberflächeninhalt der Quader bzw. Würfel.

	Länge	Breite	Höhe	Volumen	Oberfläche
a)	9 cm	12 cm	4 cm		
b)	3 m	3 m	3 m		
c)	4 dm	6 cm	50 mm		
d)	12 mm	5 cm	1,5 cm		
e)	45 cm	1,5 dm	2 cm		
f)	4 m 15 cm	15 dm 5 cm	3 m 2 dm		

2 Bestimmen Sie aus den gegebenen Kantenlängen a und b und dem Volumen V eines Quaders seine dritte Kantenlänge c und seinen Oberflächeninhalt A_O.

	Länge	Breite	Höhe	Volumen	Oberfläche
a)	6 cm	10 cm		300 cm^3	
b)	8 dm	5 dm		400 dm^3	
c)	12 m	5 dm		6000 m^3	
d)	2 km	3 m		18 000 m^3	

3 Rechnen Sie jeweils zuerst in dieselbe Maßeinheit um. Berechnen Sie anschließend das Volumen der einzelnen Quader.

a) a = 2 cm; b = 10 cm; c = 3 dm → V = ____________________

b) a = 70 dm; b = 1 m; c = 3 m → V = ____________________

c) a = 800 mm; b = 80 cm; c = 8 dm → V = ____________________

d) a = 0,2 dm; b = 35 cm; c = 0,5 dm → V = ____________________

4 Abgebildet ist das Netz eines Quaders.

a) Berechnen Sie Volumen und Oberfläche.

b) Zeichnen Sie das Schrägbild der Figur in Ihr Heft.

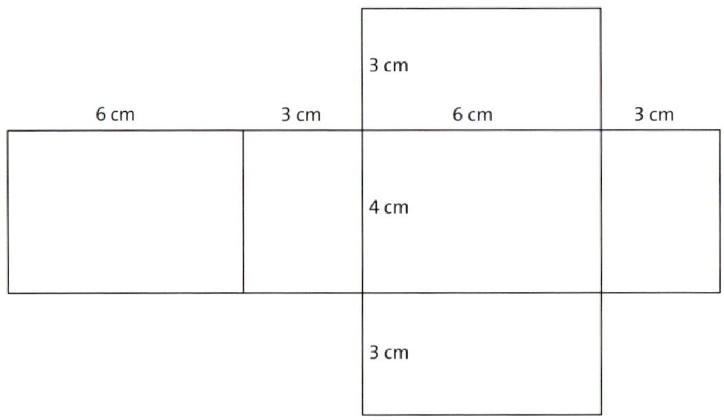

5 Kreuzen Sie an: Welche Netze ergeben keine Würfel?

a) ☐ b) ☐ c) ☐ d) ☐

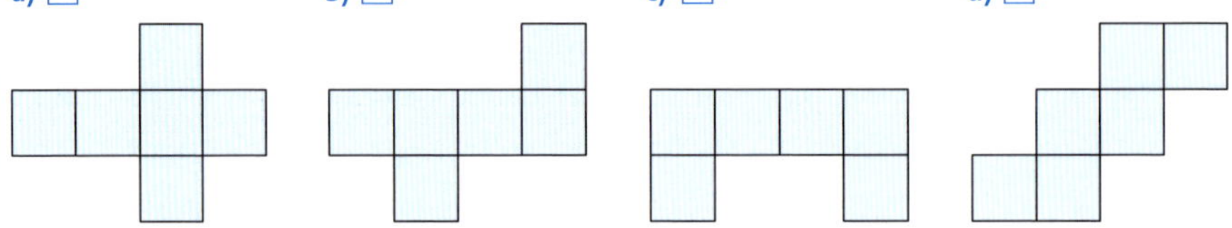

6 Zeichnen Sie je ein Schrägbild und berechnen Sie Volumen und Oberfläche der Figuren. Gf = Grundfläche, Vf = Vorderfläche

a)

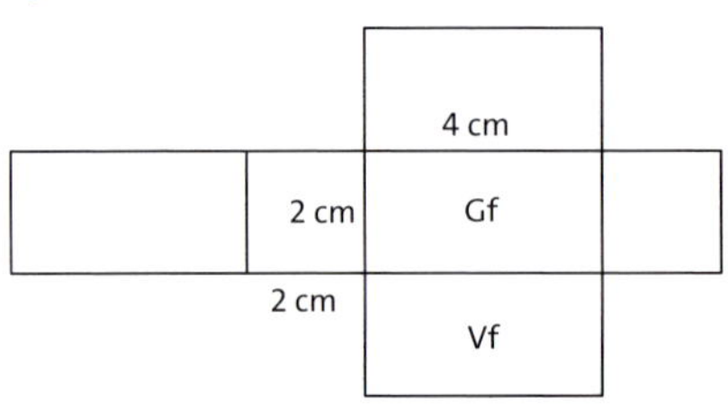

b)

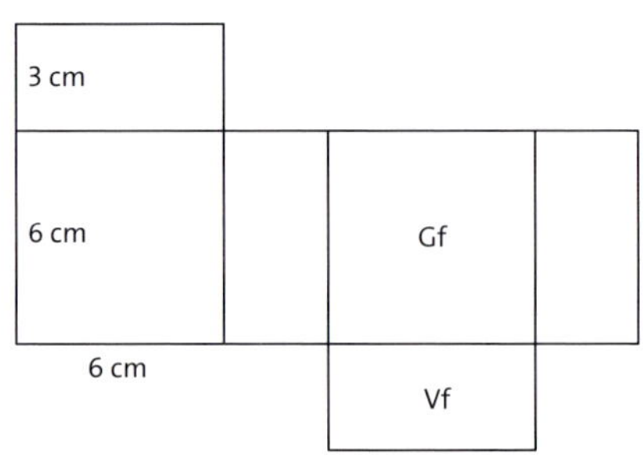

8.2 Prisma und Zylinder

7 Berechnen Sie das Volumen jedes abgebildeten Körpers.

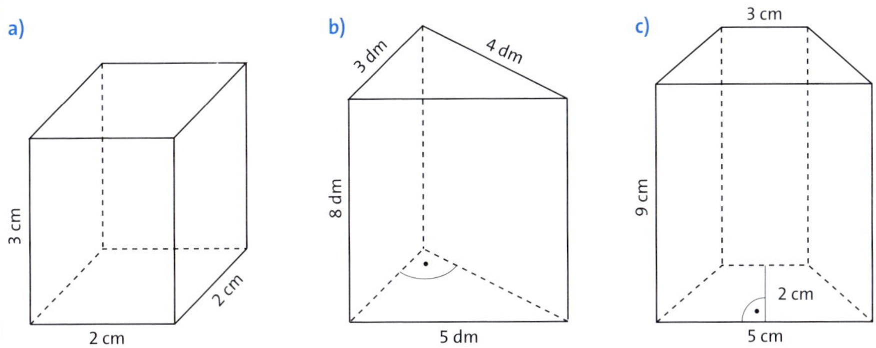

8 Eine Konservendose mit dem Durchmesser 10 cm hat eine Höhe von 15 cm.

a) Berechnen Sie das Fassungsvermögen der Dose.

b) Wie viel cm^2 Blech wurden zur Herstellung der Dose benötigt?

9 Gegeben sind jeweils zwei Größen eines geraden Zylinders. Berechnen Sie die fehlenden Größen. Runden Sie sinnvoll.

Radius r	5 cm			3,5 dm
Höhe h	10 cm	3,6 cm		
Grundfläche A_G		39 cm^2	176,7 cm^2	
Mantel A_M				
Oberfläche A_O				
Volumen V			883,5 cm^3	215,51 dm^3

10 Eine Litfaßsäule im Foyer einer Bankfiliale hat einen Durchmesser von 1,9 m und eine Höhe von 2,9 m. Der Sockel von 40 cm Höhe soll nicht beklebt werden. Wie groß ist die zur Verfügung stehende Anschlagfläche?

11 Ein Holzring hat die Form eines Hohlzylinders. Berechnen Sie das Volumen des Ringes mit $r_1 = 5$ cm, $r_2 = 8$ cm und $h = 3$ cm. Stellen Sie auch eine Formel für die Berechnung des Volumens eines Hohlzylinders auf.

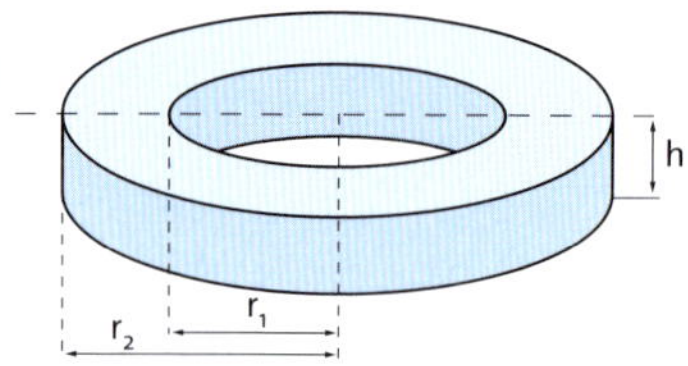

V = ______________________

V_H = ______________________

PRAXISTIPP In der Küche: Volumenberechnungen in Litern

In der Praxis ist es sehr nützlich, wenn Sie die Länge, die Breite und die Höhe in Dezimetern ausdrücken, denn dann erhalten Sie das Ergebnis gleich in Kubikdezimetern und damit in Litern.

Beispiel:
Ein Spülbecken besitzt eine quadratische Grundfläche mit 40 cm Kantenlänge und ist 60 cm tief. Wie viel Liter Wasser passen hinein?

$V = (40\text{ cm})^2 \cdot 60\text{ cm} = 4\text{ dm} \cdot 4\text{ dm} \cdot 6\text{ dm} = 96\text{ dm}^3 = 96\text{ l}$

Also passen 96 Liter Wasser in dieses (große) Spülbecken.

12 Ein zylinderförmiger Behälter mit dem Durchmesser 50 cm und der Höhe 1 m wird mit 40 l Wasser befüllt.

a) Wie hoch steht das Wasser im Behälter?

b) Wie viel Prozent des Behälters sind gefüllt? Arbeiten Sie in Ihrem Heft.

8.3 Pyramide und Kegel

13 Berechnen Sie das Volumen einer Pyramide mit rechteckiger Grundfläche. Die Grundkantenlängen betragen 4,8 cm bzw. 6,0 cm, die Höhe ist 0,1 m. Achten Sie beim Rechnen auf einheitliche Größenangaben.

14 Überprüfen Sie rechnerisch: Wie verändert sich das Volumen einer quadratischen Pyramide, wenn …

a) bei gleicher Grundfläche die Höhe verdoppelt wird?

b) bei gleicher Höhe die Grundkante verdoppelt wird?

PRAXISTIPP **Pythagoras und Pyramide**

Oft sind neben der Höhe und den Kanten der Grundfläche andere Abschnitte oder Maße einer Pyramide bekannt. Dann können Sie mit dem Satz des Pythagoras fehlende Maße berechnen. Hier ist dies an einer Pyramide mit quadratischer Grundfläche gezeigt.

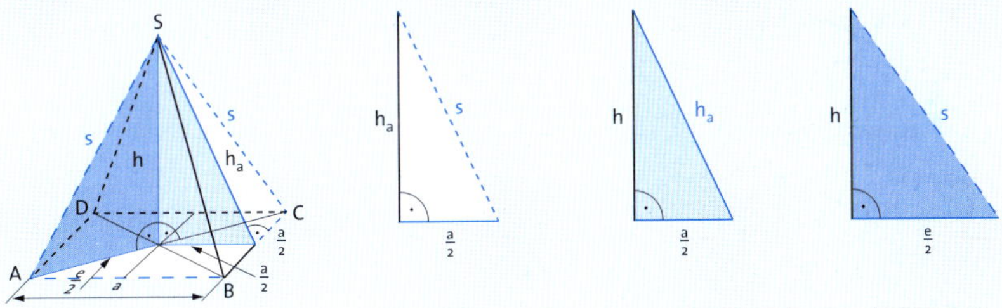

$s = \sqrt{h_a^2 + \left(\frac{a}{2}\right)^2}$ $\quad h_a = \sqrt{h^2 + \left(\frac{a}{2}\right)^2}$ $\quad s = \sqrt{h^2 + \left(\frac{e}{2}\right)^2}$

h: Körperhöhe; h_a: Höhe der Seitenfläche (auch häufig h_s); s: Seitenkante; S: Spitze der Pyramide; e: Diagonale des Grundflächenquadrats

15 Berechnen Sie das Volumen und den Oberflächeninhalt einer quadratischen Pyramide mit folgenden Maßen:

a) a = 4,5 cm; s = 8 dm V = ______ A_O = ______

b) a = 60 mm; h = 10 cm V = ______ A_O = ______

c) a = 35 cm; h_a = 0,8 m V = ______ A_O = ______

16 Berechnen Sie das Volumen der Pyramiden mit der Höhe von jeweils 12,4 cm.

a) Die Grundfläche ist ein Quadrat mit der Seitenlänge a = 5,1 cm.

b) Die Grundfläche ist ein Rechteck mit a = 2,5 cm und b = 4 cm.

c) Die Grundfläche ist ein Trapez mit a = 7,2 cm, c = 4,1 cm und h_g = 2,2 cm.

17 Füllen Sie die Tabelle für einen Kegel aus.

Radius r	Durchmesser d	Seitenlänge s	Oberfläche A_O
a) 4 cm		6 cm	
b) 2 dm		1,5 dm	
c)	26 cm	13 cm	

18 Berechnen Sie das Volumen des Pyramiden- und des Kegelstumpfes.

a)

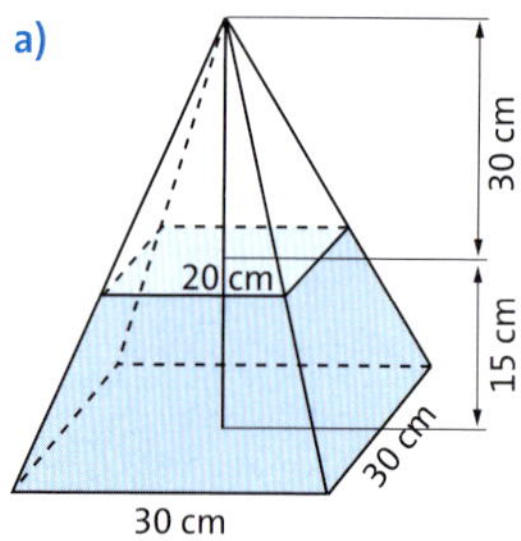

V = ____________

b)

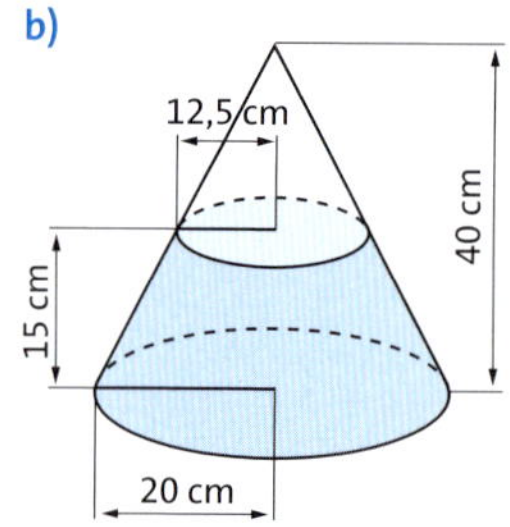

V = ____________

8.4 Kugel

19 Berechnen Sie Volumen und Oberfläche der Kugel.

a) r = 1 cm V = ____________ A_O = ____________

b) d = 4 cm V = ____________ A_O = ____________

c) r = 1,2 m V = ____________ A_O = ____________

d) r = 18 mm V = ____________ A_O = ____________

20 Das Volumen einer Kugel beträgt 212,18 cm^3. Berechnen Sie den Radius.

21 Die Oberfläche einer Kugel beträgt 784,27 cm^2. Berechnen Sie ihr Volumen.

22 Überprüfen Sie rechnerisch:

a) Wie verändert sich das Volumen einer Kugel, wenn man den Radius verdoppelt?

b) Wie muss der Radius verändert werden, damit sich das Volumen verdoppelt?

23 Der Erdradius beträgt etwa 6370 km. Ungefähr 71 % der Erdoberfläche sind mit Wasser bedeckt. Berechnen Sie den Flächeninhalt der Landmasse.

8.5 Zusammengesetzte Körper

24 Berechnen Sie die Volumina der abgebildeten zusammengesetzten Körper. Fehlende Längenangaben können an anderer Stelle abgelesen oder berechnet werden.

a)

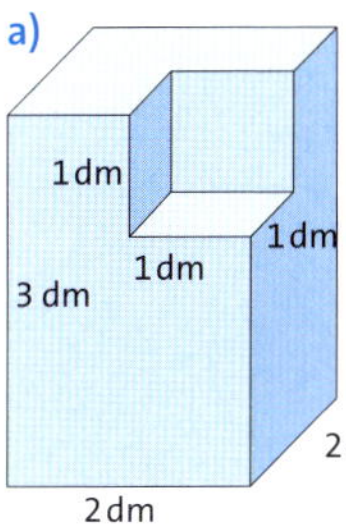

b)

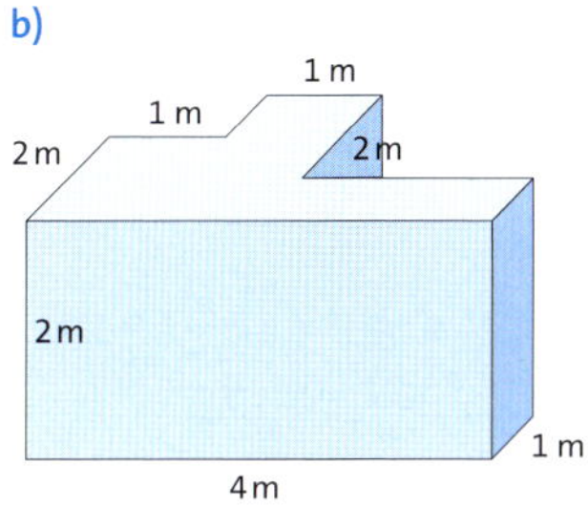

c)

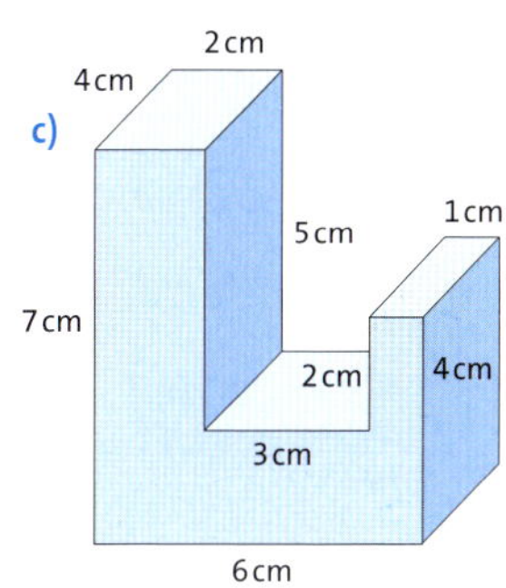

25 Berechnen Sie die Volumina der abgebildeten Körper.

a)

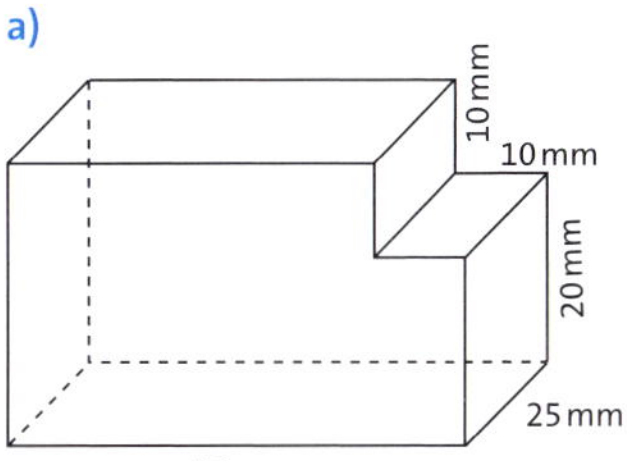

b)

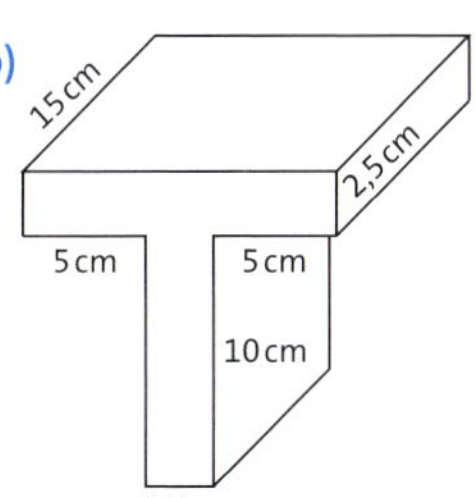

c)

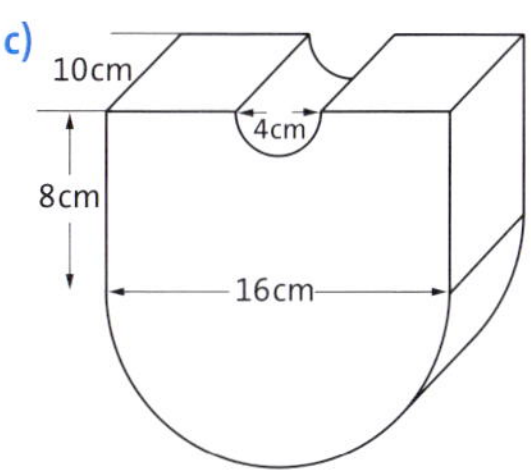

8.6 Anwendungs- und Sachaufgaben

26 Das abgebildete Blumenbeet soll mit einer 8 cm dicken Torfschicht bedeckt werden. Ein Torfsack fasst 80 l Inhalt. Wie viele Säcke muss man einkaufen?

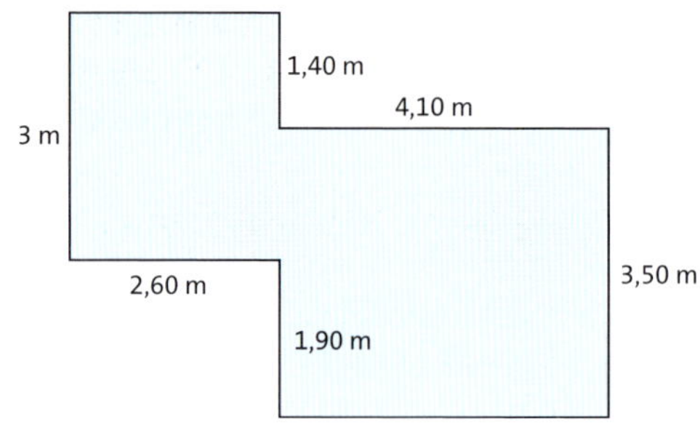

27 Ein kegelförmiger Sandhaufen soll von der Baustelle abgefahren werden. Der Umfang dieses Kegels wurde durch Abschreiten auf etwa 24 m ermittelt, seine Höhe auf 2,5 m geschätzt. Wie viele Fahrten müssen gemacht werden, wenn der Lastwagen eine Tragfähigkeit von 4 t hat? 1 m^3 Sand wiegt 1850 kg.

28 Aus einem Wasserhahn tropft alle 10 Sekunden ein kugelförmiger Wassertropfen mit dem Durchmesser 2 mm. Wie viele Liter werden dadurch in einem Jahr verschwendet?

PRAXISTIPP **Das Volumen unregelmäßiger Körper bestimmen**

Oft ist es ausgesprochen kompliziert, das Volumen eines unregelmäßigen Körpers, zum Beispiel einer Holzschraube, mathematisch oder durch Messung zu bestimmen. Hier gibt es einen Trick:

Das Volumen von 1 dm^3 entspricht dem Hohlmaß von 1 Liter. Füllt man in einen Messbecher exakt 1 Liter Wasser und gibt man die Holzschraube hinein, dann steigt der Wasserstand. Die Differenz aus neuem und altem Wasserstand (Verdrängung) entspricht dem Volumen der Holzschraube. Lässt sich die Verdrängung, zum Beispiel wegen eines sehr niedrigen Volumens der Schraube, nur schwer an der Skala ablesen, kann man mehrere Schrauben in die Flüssigkeit geben und dann das verdrängte Volumen durch deren Anzahl teilen.

9 Abschlusstest

Dieser Test umfasst alle geübten Bereiche, sodass Sie nun Ihr Wissen zu allen Themen dieses Übungsbuchs überprüfen können.

1 Kürzen Sie die Brüche richtig und vollständig.

a) $1\frac{2}{6}$ = ______ b) $10\frac{5}{10}$ = ______

c) $5\frac{42}{21}$ = ______ d) $2\frac{9}{2}$ = ______

e) $4\frac{10}{6}$ = ______ f) $9\frac{100}{20}$ = ______

2 Schreiben Sie die Brüche in der gemischten und in der Dezimalschreibweise.

a) $\frac{7}{3}$ = ______ = ______ b) $\frac{23}{6}$ = ______ = ______

c) $\frac{11}{3}$ = ______ = ______ d) $\frac{11}{4}$ = ______ = ______

3 Berechnen Sie jeweils den Wert der Terme.

a) $\frac{1}{4} + \frac{5}{4}$ = ______ b) $\frac{5}{12} + \frac{1}{18}$ = ______

c) $\frac{5}{18} - \frac{1}{27}$ = ______ d) $\frac{7}{8} + 2\frac{3}{4}$ = ______

e) $1\frac{2}{7} + 4\frac{1}{5}$ = ______ f) $10\frac{1}{5} - 4\frac{3}{2} + 2\frac{1}{3}$ = ______

g) $\frac{8}{27} \cdot \frac{18}{5}$ = ______ h) $\frac{3}{8} \cdot \frac{4}{5} \cdot \frac{10}{9}$ = ______

i) $\frac{3}{5} : \frac{9}{15}$ = ______ j) $\frac{35}{78} : \frac{49}{130}$ = ______

k) $-\frac{3}{4} - 2 - \frac{1}{4}$ = ______ l) $\frac{3}{8} + \frac{1}{2} - \frac{7}{8}$ = ______

m) $\frac{2}{3} \cdot \left(-\frac{1}{7}\right) \cdot \frac{3}{2}$ = ______ n) $-6 \cdot \frac{1}{5} \cdot \frac{2}{3}$ = ______

o) $\frac{3}{4} \cdot (-2{,}5) - \frac{3}{4} \cdot 1{,}5$ = ______ p) $\left(-\frac{2}{3} + \frac{2}{9}\right) : \frac{2}{3}$ = ______

4 Berechnen Sie ohne Taschenrechner.

a) $5 \cdot 6{,}1$ kg = ________ b) $2 \cdot 3{,}4$ g = ________

c) $7 \cdot 1{,}95\ \text{km}^2$ = ________ d) $8 \cdot 0{,}90$ € = ________

e) 1,5 h + 27 min = ________ f) 0,75 h : 15 = ________

g) 12,1 t : 11 = ________ h) 187,5 g : 25 = ________

i) 345,89 € + 87 ct = ________ j) $23\ \text{dm}^2 \cdot 45$ = ________

k) 45 789 ct – 398 € 65 ct = ________ l) $35\,987\ \text{cm}^3 + 76\ \text{dm}^3$ = ________

5 Berechnen Sie folgende Textaufgaben.

a) Omas alte Standuhr geht täglich 2 Sekunden nach. Wie lange dauert es, bis sie wieder die richtige Zeit anzeigt, wenn die Zeitangabe nicht korrigiert wird?

b) Um seine leicht verderbliche Ware noch vor dem Wochenende zu verkaufen, senkt ein Obsthändler alle Preise um die Hälfte. Frau Schulze nutzt die Gunst der Stunde und kauft 1,3 kg Bananen, 0,75 kg Kirschen und 1,7 kg Erdbeeren. Ursprünglich kosteten: 1 kg Bananen 0,94 €, 1 kg Kirschen 2,00 € und 1 kg Erdbeeren 1,88 €. Was muss Frau Schulze bezahlen?

c) Die Fachschule für Elektrotechnik muss erweitert werden. Dazu muss ein 750 m^2 großes Nachbargrundstück dazugekauft werden. Der Quadratmeterpreis liegt bei 376 €. Das Areal der Fachschule umfasst danach 18,7 a. Wie groß war das Grundstück vorher und welcher Preis musste für den Neukauf gezahlt werden?

6 Lösen Sie die Gleichungen durch Äquivalenzumformung.

a) $3x + 6 = 33$ x = ________

b) $\frac{2}{5}x - 21 = -35$ x = ________

c) $8x + 2 = 4x + 34$ x = ________

d) $9{,}4y - 6{,}4 = 2{,}2y + 15{,}2$ y = ________

e) $\frac{6}{4} = \frac{6}{2} - \frac{6}{8}y$ y = ________

f) $x - 1 - \frac{2}{10}x - \frac{4}{30} = -\frac{2}{6}$ x = ________

7 Eine Firma stellt Leuchtbuchstaben her. Beantworten Sie folgende Fragen, indem Sie geeignete Terme bzw. Gleichungen aufstellen.

a) Welchen Umfang hat der Leuchtbuchstabe L, wenn ein Leuchtstab 10 cm (20 cm, 14 cm) lang ist?

b) Welchen Umfang hat der Leuchtbuchstabe T, wenn ein Leuchtstab 10 cm (20 cm, 14 cm) lang ist?

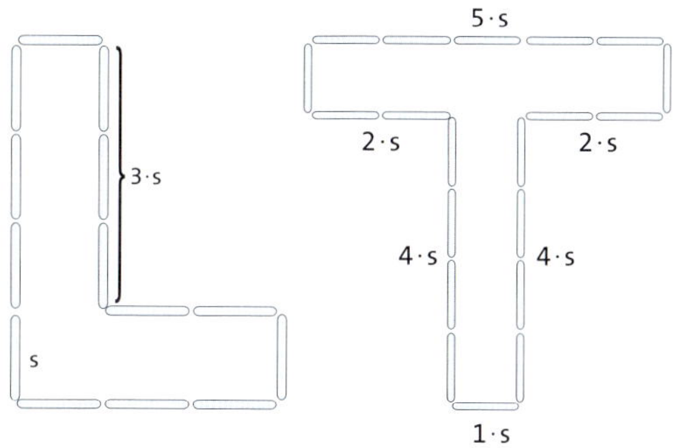

8 Ein Markthändler kauft bei einem Bauern 600 Eier zum Preis von 8 ct pro Ei. Er muss 12 € Standgebühr bezahlen. Welchen Preis muss er pro Ei verlangen, um ...

a) seine Ausgaben ohne Gewinn zu decken? ______________________

b) einen Gewinn von 12 € zu erwirtschaften? ______________________

c) Beim Auspacken merkt er, dass während des Transports 50 Eier kaputtgegangen sind. Wie hoch muss er den Preis nun ansetzen, um 12 € Gewinn zu erzielen? ______________________

9 Beantworten Sie folgende Textaufgaben durch Anwendung des Dreisatzes.

a) Fliesenleger Burghard soll das Bad von Familie Siegel erneuern. Deren Wünsche sind extravagant, denn es sollen 960 Fliesen aus Italien zum Gesamtpreis von 648 € verlegt werden. Beim Auspacken stellt sich heraus, dass 54 Fliesen zerbrochen sind und nachbestellt werden müssen. Was kostet die Nachbestellung?

b) 435 kg Bananen zum Preis von 97,75 € hat ein Großhändler eingekauft. Bevor er die Ware weiterverkaufen kann, sind ihm 45 kg verdorben. Wie groß ist der entstandene Schaden?

c) 1 kg Aufschnitt kostet 8,00 €. Eine Kundin verlangt davon 350 g. „Es sind 20 g mehr geworden“, stellt die Verkäuferin fest und berechnet 3,00 €. Sind es wirklich 20 g mehr geworden?

10 Die beiden Dörfer Schönborn und Wintershausen verbindet ein herrlicher Radweg. Manfred startet in Schönborn zur gleichen Zeit wie Hubert in Wintershausen. Die folgende Skizze gibt den genauen Verlauf der Fahrten an.

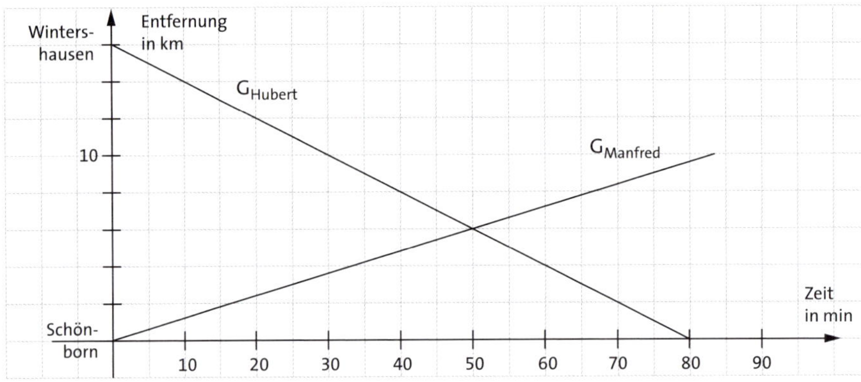

a) Nach wie viel Minuten treffen sich die beiden? ______________

b) Wie viel Kilometer musste Manfred bis zum Treffpunkt fahren?

____

c) Wie viel Kilometer musste Hubert bis zum Treffpunkt fahren?

____

d) Wie viel Minuten braucht Hubert bis Schönborn? ______________

e) Wie lange braucht Manfred wahrscheinlich, bis er in Wintershausen ist?

____

11 Papier ist knapp und teuer. Deshalb beschließt ein Verleger, den neuesten Roman eines Bestsellerautors enger zu drucken. Anstatt 24 setzt er 26 Zeilen auf eine Seite. Bei 24 Zeilen pro Buchseite hätte sich ein Umfang von 624 Seiten ergeben. Kreuzen Sie jeweils die richtige Lösung an.

a) Wie viele Seiten wird der Roman mit 26 Zeilen pro Buchseite haben?

582 Seiten		604 Seiten		576 Seiten		568 Seiten	

b) Wie viele Zeilen müsste man auf eine Buchseite setzen, wenn das Buch insgesamt nur 468 Seiten haben sollte?

34 Zeilen		32 Zeilen		33 Zeilen		29 Zeilen	

12 Bearbeiten Sie folgende Sachaufgaben zur Prozentrechnung.

a) Ein Fliesenleger braucht, um ein Bad zu fliesen, 562 Fliesen. Er rechnet damit, dass 8 % kaputtgehen. Wie viele Fliesen benötigt er?

____

b) Wegen eines Hagelschadens verkauft ein Autohaus einen Neuwagen mit einem Rabatt von 20 %. Er kostet jetzt nur noch 23 600 €. Wie hoch war der Preis des Neuwagens vor der Preissenkung? ________________

c) Eine Firma nimmt bei der Bank ein Darlehen von 8000 € zur Renovierung einiger Büroräume auf. Der Zinssatz beträgt 6,9 %. Wie viel Zinsen muss die Firma pro Jahr an die Bank bezahlen, solange sie nichts an die Bank zurückgezahlt hat? ________________

d) Ein kleines Unternehmen möchte ein Darlehen über 20 000 € für einen Geschäftswagen aufnehmen und lässt sich von verschiedenen Banken folgende Angebote unterbreiten: Bank A: „Wir können Ihnen einen Zinssatz von 7,5 % anbieten.“ Bank B: „Bei uns zahlen Sie monatlich nur 158,34 € Zinsen.“ Welches ist das günstigere Angebot? ________________

e) Im Zeitraum von 15. April bis 30. September eines Jahres werden 2800 € mit 5,25 % verzinst. Berechnen Sie die anfallenden Zinsen.

____

f) Für einen Kredit sind im Jahr 12 % Zinsen zu bezahlen. Wie teuer ist ein Kredit von 15 000 €, wenn er nach ...
5 Monaten zurückgezahlt wird? ________________
5 Jahren zurückgezahlt wird? ________________

13 Zeichnen Sie jeweils den Graph der linearen Funktion, für die gilt:

a) $f(0) = -1; f(2) = 4$

b) $f(1) = 1; f(3) = 1$

Bestimmen Sie außerdem zu jedem Graph die zugehörige Funktionsgleichung.

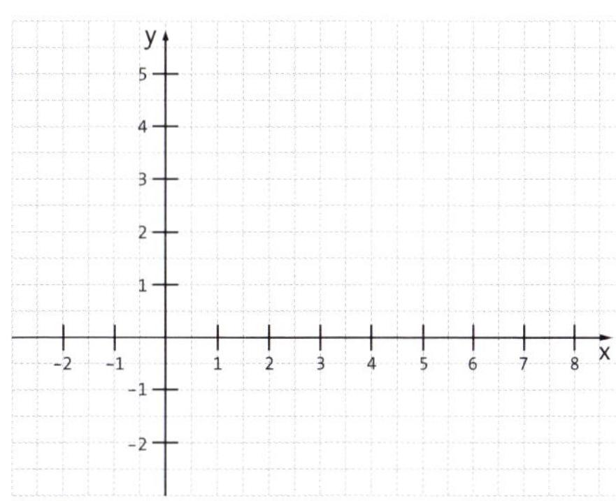

14 Eine aufklappbare Trittleiter ist 2,80 m lang. Wenn sie vollständig aufgestellt (aufgeklappt) wird, sind ihre Füße am Boden 1,50 m voneinander entfernt. Berechnen Sie die Höhe der Leiter.
Tipp: Wenden Sie zur Lösung den Satz des Pythagoras an.

15 Familie Buch hat ein Grundstück in Hessen gekauft.

a = ______________
b = 92 m
c = 197 m
h = 70 m
A = 15 879,5 m^2

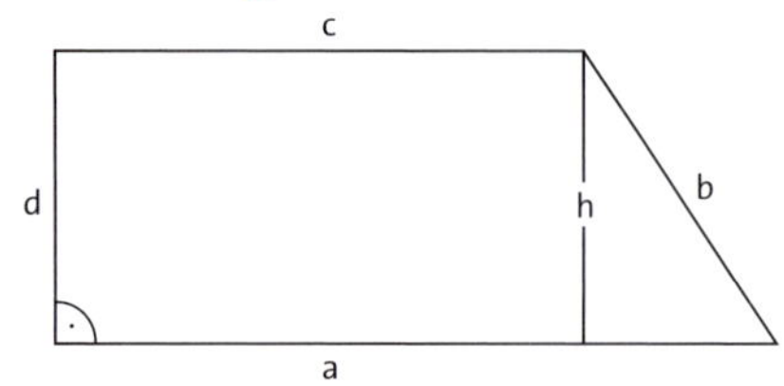

a) Berechnen Sie die lange Seite des Grundstückes. ______________

b) Wie viel m Zaun müssen gekauft werden, wenn das gesamte Grundstück eingefriedet werden soll? ______________

c) Familie Buch hat sich einen Zaun ausgesucht, der netto pro laufendem Meter 18,50 € kostet. Wie hoch fällt die Rechnung mit Mehrwertsteuer (19 %) aus? ______________

16 Berechnen Sie das Volumen des abgebildeten Sechseckprismas.

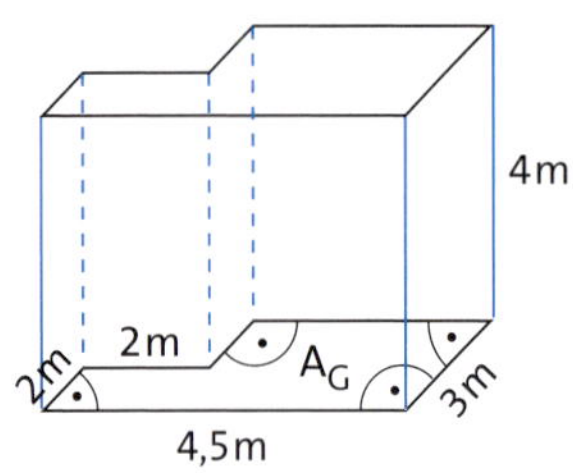

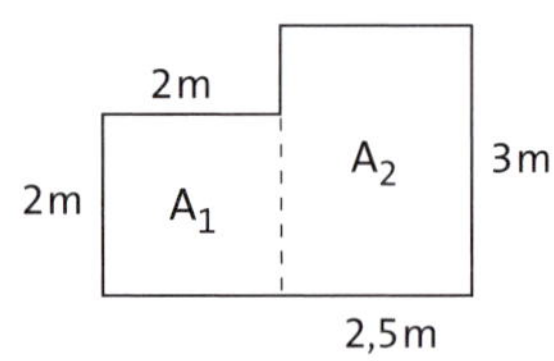

17 Ein zylinderförmiger Wassertank zum Auffangen des Regenwassers soll außen rundum (ohne Boden und ohne Deckel) neu lackiert werden. Der Durchmesser der Grundfläche beträgt 1,6 m und die Höhe 3 m. Wie viele Lackdosen benötigt man, wenn eine Lackdose für 6 m^2 reicht?

Lösungen

1 Rechnen mit Brüchen und rationalen Zahlen

1 *Lösungsvorschlag:*

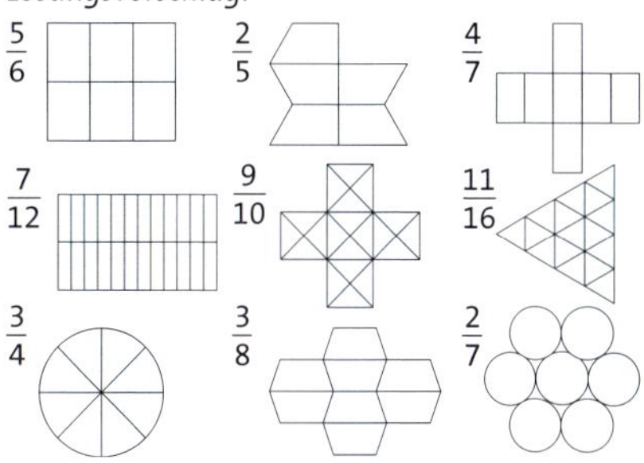

Lösungsvorschlag:

a) $\frac{5}{6} + \mathbf{\frac{1}{6}} = \frac{6}{6}$; b) $\frac{2}{5} + \mathbf{\frac{3}{5}} = \frac{5}{5}$; c) $\frac{7}{7} - \frac{4}{7} = \mathbf{\frac{3}{7}}$;
d) $\frac{12}{12} - \frac{7}{12} = \mathbf{\frac{5}{12}}$; e) $\frac{9}{10} + \mathbf{\frac{1}{10}} = \frac{10}{10}$; f) $\frac{16}{16} - \frac{11}{16} = \mathbf{\frac{5}{16}}$; g) $\frac{3}{4} + \mathbf{\frac{1}{4}} = \frac{4}{4}$; h) $\frac{3}{8} + \mathbf{\frac{5}{8}} = \frac{8}{8}$; i) $\frac{7}{7} - \frac{2}{7} = \mathbf{\frac{5}{7}}$

2

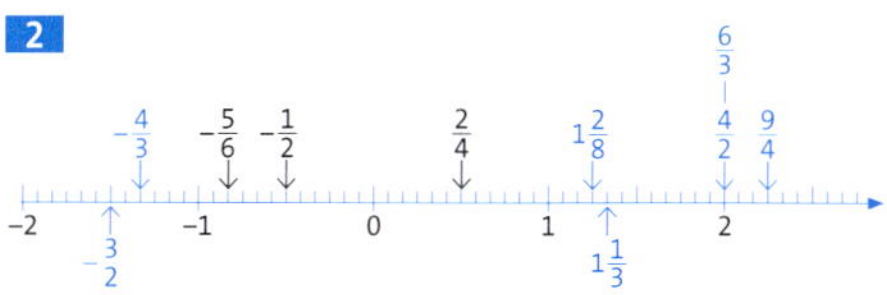

3 a) $\frac{2}{4} < \frac{4}{4} < \frac{7}{4} < \frac{11}{4} < \frac{23}{4} < \frac{25}{4} < \frac{37}{4}$
b) $\frac{15}{144} < \frac{15}{67} < \frac{15}{56} < \frac{15}{41} < \frac{15}{24} < \frac{15}{9} < \frac{15}{4}$

4 a) $\frac{1}{2} = \frac{2}{4} = \frac{4}{8}$ und $\frac{2}{3} = \frac{4}{6} = \frac{6}{9}$ und $\frac{5}{8} = \frac{15}{24}$
b) $\frac{3}{5} = \frac{9}{15} = \frac{30}{50} = \frac{18}{30}$ und $\frac{8}{14} = \frac{4}{7}$

5 a) $\frac{3}{5} = \frac{6}{10}$, Faktor: 2; b) $\frac{6}{7} = \frac{18}{21}$, Faktor: 3;
c) $\frac{13}{4} = \frac{65}{20}$, Faktor: 5; d) $\frac{8}{5} = \frac{48}{30}$, Faktor: 6;
e) $\frac{18}{11} = \frac{180}{110}$, Faktor: 10; f) $\frac{1}{50} = \frac{14}{700}$, Faktor: 14

6 a) $\frac{30}{42} < \frac{30}{40}$; b) $\frac{27}{36} = \frac{27}{36}$; c) $\frac{45}{36} > \frac{44}{36}$; d) $\frac{6}{35} < \frac{6}{34}$;
e) $\frac{30}{48} > \frac{21}{48}$

7 a) $\frac{3}{4}$; b) $1\frac{5}{12}$; c) $\frac{34}{35}$; d) $\frac{7}{8}$; e) $1\frac{26}{63}$; f) $1\frac{31}{60}$;
g) $1\frac{7}{40}$; h) $1\frac{1}{6}$; i) $1\frac{11}{60}$; j) $1\frac{55}{72}$; k) $\frac{23}{28}$; l) $1\frac{33}{40}$;
m) $\frac{103}{126}$; n) $\frac{31}{36}$; o) $1\frac{5}{54}$

8 a) $\frac{1}{2}$; b) $\frac{1}{4}$; c) $\frac{1}{5}$; d) $\frac{1}{12}$; e) $\frac{13}{24}$; f) $\frac{1}{10}$; g) $\frac{47}{54}$;
h) $\frac{31}{84}$; i) $\frac{13}{36}$; j) $\frac{15}{22}$; k) $\frac{41}{66}$; l) $\frac{29}{105}$; m) $\frac{5}{24}$; n) $\frac{29}{648}$; o) $\frac{35}{66}$

9 a) $2\frac{17}{60}$; b) $2\frac{1}{8}$; c) $1\frac{79}{80}$; d) $2\frac{47}{180}$; e) $1\frac{137}{150}$;
f) $1\frac{137}{180}$; g) $2\frac{337}{420}$; h) $2\frac{7}{10}$; i) $2\frac{341}{420}$; j) $2\frac{71}{5580}$;
k) $3\frac{61}{75}$; l) $3\frac{62}{77}$

10 a) $13\frac{5}{12}$; b) $12\frac{13}{24}$; c) $119\frac{371}{450}$; d) $1\frac{5}{12}$; e) $7\frac{35}{36}$;
f) $15\frac{11}{12}$; g) $9\frac{13}{24}$; h) $3\frac{8}{15}$; i) $46\frac{4}{15}$; j) $16\frac{1}{10}$;
k) $8\frac{13}{15}$; l) $186\frac{229}{360}$; m) $15\frac{17}{42}$; n) $36\frac{19}{50}$; o) $15\frac{71}{72}$

11

1	$\frac{11}{6}$	$\frac{2}{3}$
$\frac{5}{6}$	$\frac{7}{6}$	$\frac{3}{2}$
$\frac{5}{3}$	$\frac{1}{2}$	$\frac{4}{3}$

Summe: $\frac{21}{6} = \frac{7}{2}$

$\frac{5}{6}$	2	$\frac{7}{6}$
$\frac{5}{3}$	$\frac{4}{3}$	1
$\frac{3}{2}$	$\frac{2}{3}$	$\frac{11}{6}$

Summe: $\frac{24}{6} = 4$

$\frac{4}{5}$	$\frac{1}{10}$	$\frac{3}{5}$
$\frac{3}{10}$	$\frac{1}{2}$	$\frac{7}{10}$
$\frac{2}{5}$	$\frac{9}{10}$	$\frac{1}{5}$

Summe: $\frac{15}{10} = \frac{3}{2}$

12 a) $\frac{1}{24}$; b) $\frac{109}{56}$; c) $\frac{8}{45}$; d) $3\frac{41}{50}$; e) $\frac{3}{4}$; f) $\frac{1}{6}$; g) $\frac{17}{75}$;
h) $\frac{17}{48}$

13 a) $\frac{2}{15}$; b) $\frac{6}{7}$; c) $\frac{3}{8}$; d) $\frac{16}{15}$; e) 9; f) $\frac{3}{8}$; g) 1; h) $\frac{1}{3}$

14 a) $\frac{6}{10} = \frac{3}{5}$; b) $\frac{12}{18} = \frac{2}{3}$; c) $\frac{252}{56} = \frac{9}{2}$; d) $\frac{1}{4}$; e) 1;
f) $\frac{4550}{3822} = \frac{25}{21}$

15 a) 14; b) $\frac{5}{6}$; c) 30; d) $\frac{30}{11} = 2\frac{8}{11}$, e) 8; f) $\frac{6}{5} = 1\frac{1}{5}$

16 a) $\frac{65}{18}$; b) $\frac{9}{50}$

17 a = 0,5; b = 0,2; c = 1,3; d = 1,9; e = 0,05;
f = 1,45; g = 0,95; h = 1,52, i = 2

18 a) 1,4; b) $1{,}\overline{3}$; c) 0,25; d) 2,2125; e) $0{,}1\overline{3}$;
f) 0,3; g) 0,026; h) $1{,}8\overline{3}$; i) 30,25

19 a) $\frac{122}{100}$; b) $\frac{27}{10}$; c) $\frac{26}{100}$; d) $\frac{121}{10}$; e) $\frac{36\,098}{1000}$;
f) $\frac{725}{100\,000}$

20 a) $\frac{2}{10} = 0{,}2$ (2); b) $\frac{35}{100} = 0{,}35$ (5);
c) $\frac{550}{100} = 5{,}5$ (50); d) $\frac{26}{1000} = 0{,}026$ (2);
e) $\frac{12}{100} = 0{,}12$ (4); f) $\frac{75}{1000} = 0{,}075$ (25)

21 a) 4,2 > 4,02; b) 2,89 < 12,98; c) 0,004
< 0,039; d) $\frac{27}{100} > 0{,}027$; e) $\frac{917}{10\,000} = 0{,}0917$;
f) $1{,}02 < \frac{53}{50}$; g) $3{,}45 = 3\frac{9}{20}$; h) 0,0010 = 0,00100;
i) 4,080976 < 4,089067

22 a) 4,3; b) 7,8; c) 11,1; d) 20; e) 0,1; f) 13,3;
g) 1,2; h) 2,4; i) 100

23 a) 10,01; b) 21,721; c) 6,897; d) 12,105;
e) 1,4; f) 1,67; g) 8985,0689

24 Lösungswort: **SUPER**

25 a) 5,25 (1); b) 2,54 (2); c) 6,4 (1); d) 0,031 (1);
e) 15,25 (2); f) 4,8 (3)

26 a) 0,2; 1,2; 2,5; b) 0,75; 10; 2,5;
c) 0,8; 0,625; 2,5

27 a) 4,8; b) 6,86094; c) 21,721; d) 1,38; e) 10,01; f) 5,85; g) 2,54; h) 6,897

28 $-3{,}5 < -3 < -2{,}5 < -1{,}5 = -\frac{3}{2} < -\frac{1}{2} < -\frac{1}{4} < +0{,}3 < +\frac{3}{2} < +2 < +3{,}2 < +4{,}7$

29 von links nach rechts:
$+7 \rightarrow -7 \rightarrow 7$; $-1{,}5 \rightarrow +1{,}5 \rightarrow 1{,}5$; $-3{,}4 \rightarrow +3{,}4 \rightarrow 3{,}4$; $0 \rightarrow 0 \rightarrow 0$; $-0{,}16 \rightarrow +0{,}16 \rightarrow 0{,}16$; $-\frac{3}{97} \rightarrow +\frac{3}{97} \rightarrow \frac{3}{97}$; $-6{,}7 \rightarrow +6{,}7 \rightarrow 6{,}7$; $+\frac{2}{3} \rightarrow -\frac{2}{3} \rightarrow \frac{2}{3}$; $+0{,}007 \rightarrow -0{,}007 \rightarrow 0{,}007$

30 a) A (+2|+1); B (+1|−1); C (−1|+2); D (−2|0); E (−1,5|−1,5); F (+4,5|−1,5); G (−3,5|−0,5)
b)
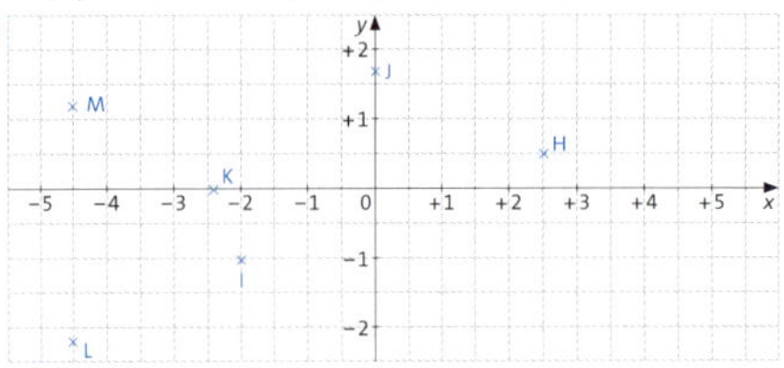

31 a) (−18); b) 20; c) 25; d) −8,5; e) $-\frac{3}{7} + \left(-\frac{4}{7}\right) = -1$; f) 2; g) $-3 : 9 = -\frac{1}{3}$; h) $\left(-\frac{1}{4}\right)$; i) −1,7

32 a) 1 − 9 = −8; b) −14 + 20 = 6; c) −0,6 : 3 = −0,2; d) $\frac{3}{4} \cdot (-4) = -3$; e) $1\frac{3}{8} - \left(-\frac{5}{8}\right) = 2$; f) $7{,}98 \cdot \left(-\frac{1}{4}\right) = -1{,}995$

33
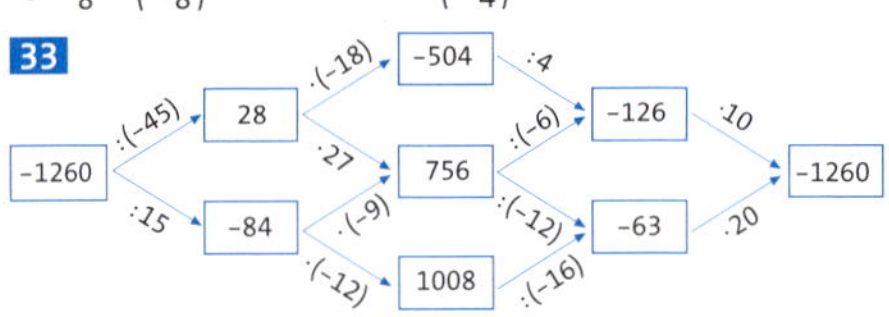

34 Lösungswort: Sie haben es **gecheckt**!

35 a) 1; b) −4; c) −0,5; d) −1; e) $-\frac{5}{16}$; f) −3,2; g) 0; h) −6,3; i) $-5\frac{1}{4}$

2 Rechnen mit Größen

1 a) 0,01289 km → **1000** → 12,89 m → **100** → 1289 cm; b) 65 t → **1000** → 65 000 kg → **1000** → 65 000 000 g; c) 2,34 km → **1000** → 2340 m → **1000** → 2 340 000 mm; d) 1,307 a → **100** → 130,7 m² → **10 000** → 1 307 000 cm²; e) 15,85 SFr → ≈**1,48** → 23,46 € → **100** → 2346 ct; f) 2,80 dm³ → **1000** → 2800 cm³ → **1000** 2 800 000 mm³; g) 2 d → **24** → 48 h → **3600** → 172 800 s; h) 23:56:07 h → **60** → 1 436:07 min → **60** → 86 167 s; i) 12,89 dm³ → **1** → 12,89 l → **1000** → 12 890 cm³

2 a) 61,5 min = 1 h 90 s; b) 5,876 kg < 0,005877 t; c) 56 ha > 5,7 a; d) 1234 ct < 13,98 €; e) 56,7 dm³ > 5679 ml; f) 0,75 € < 76 ct; g) 3:35:56 h > 215 min; h) 2 d 14 h < 3726 min; i) 0,32 m > 31 cm; j) 0,076 kg > 760 mg; k) 675 659 mm < 6,75 km; l) 23,4 l > 234 cm³

3 a) 5537 kg; b) 474,89 €; c) 105,023 ha; d) 45,51 €; e) 68,056 l; f) 74:32:56 h; g) 351,20654 km = 351 206,54 m

4 a) 6754 mm; b) 89 005 dm²; c) 93 310 a; d) 5 600 335 cm; e) 6 402 290 m²; f) 34,2 dm³ = 34 200 cm³

5 a) 779 mm; b) 12 km; c) 2200 dm²; d) 7004 ha; e) 500 ml; f) 50,08 cm³

6 a) 4,8921 km; b) 9 a; c) 1,5 m³; d) 74,1344 l; e) 2,804 m; f) 50,87 ha

7 a) 65 328,3 m; b) 39 025 mm; c) 132,5 m²; d) 683 080 mm²; e) 106 720 mm³; f) 5 582 000 cm³

8 a) 945 dm² 61 cm²; b) 32 km 840 m; c) 4 m³ 780 dm³; d) 77 km 450 m; e) 854 cm³ 290 mm³; f) 10 ha 95 a; g) 934 dm³ 550 cm³; h) 1 km 78 cm

9 a) 300 ml; b) 4000 ml; c) 350 000 ml; d) 12 cl; e) 400 000 cm³; f) 15 hl; g) 0,8 l; h) 150 000 l; i) 25 ml; j) 0,0456 hl

10

Wert auf der Karte	Maßstab	realer Wert		
2,5 cm	1 : 10 000	25 000 cm	250 m	0,25 km
5,5 cm	1 : 20 000	110 000 cm	1100 m	1,1 km
14,3 mm	1 : 50 000	71 500 cm	715 m	0,715 km
8,8 mm	1 : 100 000	88 000 cm	880 m	0,88 km
40 mm	1 : 25 000	100 000 cm	1000 m	1 km

11 a) 35,69 €; b) 8,82 €; c) 70,56 €; d) 202,39 €; e) 20,90 €; f) 6,46 €; g) 36,38 €; h) 5262,65 €; i) 32,76 €; j) −49,13 €

12 0,75 € < 1,23 € < 10,03 € < 10,23 € < 12,30 € < 23,10 €

13 a) 1 ct + 2 ct + 5 ct + 10 ct + 20 ct + 50 ct + 1 € + 2 € = 3 € 88 ct = 3,88 €; b) 10 € − 3,88 € = 6,12 €; c) Lösungsvorschlag: 6,52 € = 2 € + 2 € + 1 € + 1 € + 20 ct + 20 ct + 10 ct + 2 ct

14 a) Es fehlen noch 62,06 €.
b) 62,06 € : 5,00 € = 12,412 (Wochen)
→ Franziska muss noch 13 Wochen sparen.

15 Der Urlaub kostete insgesamt 3498,45 €.

16 a) 65 t; b) 17 000 mg; c) 178 kg; d) 135 000 kg; e) 45 000 000 mg; f) 1111 t; g) 11 000 000 g; h) 235 g

17 a) 0,5671 t; b) 2347 mg; c) 51 900 kg; d) 0,0789 kg; e) 0,9657 g; f) 1 300 000 g; g) 0,00034567 kg; h) 0,36578 kg

18 a) 23 456 kg; b) 52 848 g = 52,848 kg; c) 1 473 298 mg = 1 473,298 g = 1,473298 kg; d) 747,86 g; e) 90 567 g = 90,567 kg; f) 1 000 307 mg = 1000,307 g = 1,000307 kg; g) 2 kg; h) 74,3 kg; i) 697 kg; j) 22 977 mg

19 a) 30,5 kg; b) 6800 mg = 6,8 g; c) 13 650 kg; d) 7200 mg = 7,2 g; e) 85 500 mg; f) 32,5 t; g) 762 480 mg = 762,48 g; h) 2847 kg = 2,847 t

20 a) 700 g = 0,7 kg; b) 700 mg = 0,7 g; c) 300 kg; d) 50 mg = 0,05 g; e) 600 mg = 0,6 g; f) 1100 kg = 1,1 t

21 a) 840 min; b) 3000 s; c) 4 min; d) 168 h; e) 2 d; f) 6 h; g) 4320 min; h) 3720 s

22 4 h 15 min = 255 min; 1 h 2 min = 3720 s; 167 s = 2 min 47 s; 5,5 h = 5 h 30 min; 45 000 s = 12,5 h; 61,5 min = 1 h 90 s; 49 h = 2 d 60 min; 3 d 18 h = 5400 min; 2 h 14 min 30 s = 134,5 min

23 a) 32,5 h; b) 188 h = 7 d 20 h; c) 11 h 30 min = 11,5 h; d) 99 h 31 min = 4 d 3 h 31 min; e) 115 h; f) 2 Wochen 5 d 18 h; g) 2 h 49 min 36 s; h) 1 d 1 h 58 min 7 s

24 Zeitspanne zwischen: 21.42 Uhr und 9.35 Uhr = 11:53 h; 22.06 Uhr und 7.15 Uhr = 9:09 h; 23.05 Uhr und 12.33 Uhr = 13:28 h

25 a) 18 t – 5800 kg = 12 200 kg → 12 200 kg : 50 kg = 244
Die Ladung darf höchstens 12 200 kg schwer sein. Also kann der Lastwagen maximal 244 Säcke Zement transportieren.
b) Breite: 110 cm + 20 cm + 20 cm + 3 cm + 3 cm = 156 cm; Länge: 295 cm + 20 cm + 20 cm + 3 cm + 3 cm = 341 cm → 156 cm · 341 cm = 53 196 cm^2 = 5,3196 m^2 → d. h. ca. 5,4 m^2 Stoff müssen eingekauft werden → 5,4 · 14,25 € = 76,95 € → Der Materialpreis der Tischdecke liegt bei 76,95 €.
c) Der Zug fährt am Sonntag um 17.35 Uhr Ortszeit in Wladiwostok ab, das entspricht in Moskau der Uhrzeit 10.35 Uhr. Er erreicht Moskau am darauffolgenden Samstag um 16.44 Uhr Ortszeit. Der Zug ist also 6 Tage, 6 Stunden und 9 Minuten unterwegs.
d) Herr Schulze erzielt einen Preis von 78 732 €. Der Käufer muss für den Makler zusätzlich 9841,50 €, insgesamt also 88 573,50 € bezahlen. Der Makler zahlt von seinem Honorar 2460,38 € an das Finanzamt, er hat also 7381,12 € verdient.
e) Die Firma muss 160 Platten einkaufen und zusätzlich 26 Kantensteine.

26 Die Zeitdifferenzen betragen:
1:17:43: **1 min 47 s**; 1:22:57: **7 min 1 s**; 1:26:04: **10 min 8 s**; 1:27:31: **11 min 35 s**

3 Terme und Gleichungen

1 a) –5; b) –17; c) $\frac{3}{4}$; d) –141; e) 6,7; f) 1; g) –3,5; h) 15

2 a) 12; b) 12; c) 11,5; d) 42

3 **addieren:** summieren, verlängern, zusammenfassen, auf 109 erhöhen, um 804 größer als, vermehren
subtrahieren: um 28 kleiner als, ausgeben, vermindern, abziehen, verringern, wegnehmen, verkleinern, weniger als, abgeben
multiplizieren: vervielfachen, dreimal so viel, das Doppelte, das Achtfache, verdreifachen, Produkt
dividieren: zu gleichen Teilen, die Hälfte von, halbieren, vierteln, der zehnte Teil

4 a) 34 + 12 · 9 → 142; b) (35 + 25) : (35 – 25) → 6; c) 999 · 100 – 195 → 99 705

5 *Lösungsvorschlag:* a) x · 83 oder 14 193 : 83 → x = 171; b) x – 368 oder 119 + 368 → x = 487; c) x + 483 oder 761 – 483 → x = 278; d) 808 + x oder 952 – x → x = 144; e) 185 + x oder 453 – x → x = 268; f) 2 436 : x oder 87 · x → x = 28

6 Äquivalent sind die Terme: a) – d); c) – g) – j); b) – i); f) – h). Für den Term e) findet sich kein äquivalenter Term.

7 a) x – 28 = y, 9 – 28 = y → y = –19; b) x : 3 = y, 9 : 3 = y → y = 3; c) x : 2 = y, 9 : 2 = y → y = 4,5; d) x – 7 = y, 9 – 7 = y → y = 2; e) x + 5 = y, 9 + 5 = y → y = 14; f) x – 89 = y, 9 – 89 = y → y = –80; g) x – 1 = y, 9 – 1 = y → y = 8; h) x + y = 23, 9 + y = 23 → y = 14; i) x · 2 = y, 9 · 2 = y → y = 18; j) x – 67 = y, 9 – 67 = y → y = –58; k) x + 804 = y, 9 + 804 = y → y = 813; l) x : 2 = y, 9 : 2 = y → y = 4,5; m) x + y = 98, 9 + y = 98 → y = 89; n) x : 4 = y, 9 : 4 = y → y = 2,25; o) x · 8 = y, 9 · 8 = y → y = 72; p) x – 3 = y, 9 – 3 = y → y = 6; q) x – 0 = y, 9 – 0 = y → y = 9; r) x : 5 = y, 9 : 5 = y → y = 1,8; s) x – 84 = y, 9 – 84 = y → y = –75; t) x + 1 = y, 9 + 1 = y → y = 10; u) x · 3 = y, 9 · 3 = y → y = 27; v) x + y = 30, 9 + y = 30 → y = 21; w) x + 39 = y, 9 + 39 = y → y = 48; x) x^2 : 2 = y, 9^2 : 2 = y → y = 40,5; y) x + 3x = y, 9 + 27 = y → y = 36; z) (x – 1) · (x + 1) = y, 8 · 10 = y → y = 80

8 a) 3 · x = 54; L = {18}; b) 2 · x = –112; L = {–56}; c) 5x – 7 = 8; L = {3}; d) 2x + x = 48; L = {16}

9 a) Eine große Dose wiegt so viel wie zwei kleine Dosen. Also wiegt eine große Dose 200 g.
b) 2 · d + 3 · 100 = 7 · 100

c) L = {200}

d) Eine große Dose wäre dann 300 g schwer.

10 a) 28; b) 53; c) 25; d) 7; e) 6; f) 18; g) 23; h) 14; i) 2; j) 5; k) 10; l) 168

11 a) L = {11}; b) L = {6,75}; c) L = {28} d) L = {7}; e) L = $\{41{,}\overline{6}\}$; f) L = {7832}; g) L = {–3,5}; h) L = {3}; i) L = $\{8\frac{1}{6}\}$

12 a) L = {x | x < 15}; b) L = {x | x < 518}; c) L = {x | x > –25}; d) L = {x | x ≤ 20}; e) L = {ℝ}; f) L = { }

13 a) Gesamtgleichung:
79 · 285 € + 35 · 319 € + [144 – (79 + 35)] · x = 38 930 € → x = 175 €
Einzelterme:

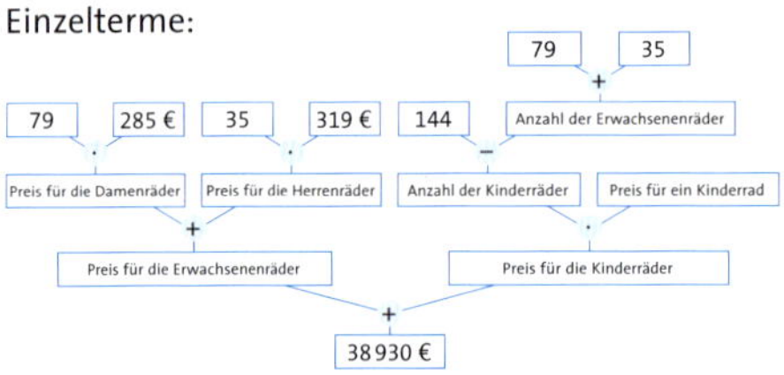

Ein Kinderfahrrad kostet 175 €.

b) Gleichung: 13 · 65 = x → x = 845
An diesem Tag liefert der Getränkehändler 845 Getränkekisten aus.

c) Gleichung: x : (2 + 4) + 95 = 114 → x = (114 – 95) · 6 = 19 · 6 = 114;
Tom besaß 114 Briefmarken.

d) *Mineralwasser:* 3 · 4,55 € + 3 · 1,50 € + 36 · 0,15 € = 23,55 €;
Saft: 5,98 € + 1,50 € + 6 · 0,15 € = 8,38 €;
Rückgabe: 1,50 € + 22 · 0,15 € = 4,80 €;
Wechselgeld: 50 € – 23,55 € – 8,38 € + 4,80 € = 22,87 €
Herr Schneider erhält 22,87 € Wechselgeld.

14 a) x + y = 120, y = 2x → x + 2x = 120 → x = 40 → y = 80; b) x + y = 120, y = 5x → x + 5x = 120 → x = 20 → y = 100; c) x + y = 120, y = x : 3 → x = 90 → y = 30

15 a) u = x + x + y + y; u = 72, y = 2x → 72 = x + x + 2x + 2x → x = 12 → y = 24
Das Rechteck ist 12 cm breit und 24 cm lang.

b) h = Maßzahl für die Höhe, b = Maßzahl für die Breite, l = Maßzahl für die Länge, b = 3h; l = 2b → l = 6h; Gleichung: h + h + h + h + 3h + 3h + 3h + 3h + 6h + 6h + 6h + 6h = 440 → 40h = 440 → h = 11 → b = 33 → l = 66
Der Quader ist 11 cm hoch, 33 cm breit und 66 cm lang.

16 a) 210 = x + x + 2x + 2x; x = 35
Die Seiten der Bodenfläche sind 35 cm bzw. 70 cm lang. Der Flächeninhalt beträgt 2450 cm^2.

b) x · 2x · 30 = 37 500 → x^2 = 625 → x = 25
Die Box muss die Maße 50 cm x 25 cm x 30 cm haben.

17 a) q > 0; zwei Lösungen; b) q< 0; keine Lösung; c) q = 0; eine Lösung; d) q < 0; keine Lösung

18 a) $x^2 - x + \frac{2}{3} = 0$; b) $x^2 - 17x + 5 = 0$; c) $2x^2 - 2x = 4x + 36$; $x^2 - 3x - 18 = 0$

19 a) $9x^2 + 42x + 49$; b) $16a^2 - 40ab + 25b^2$; c) $36c^2 - 16d^2$

20 Aufgabe c ist mithilfe der binomischen Formeln zu lösen.
a) $x^2 + 7x + 12{,}25 = -36{,}75$; L = { }
b) $x^2 - 4x + 5 = -1$; L = { }
c) $(x + 4)^2 = 0$; x = –4; L = {–4}

4 Zuordnungen, Proportionalität und Dreisatz

1 a) Anzahl der Schüler ↦ Betriebsgröße nach Mitarbeiterzahl

b)

Anzahl der Azubis	14	8	3	2
Betriebsgröße nach Mitarbeitern (MA)	mehr als 1500 MA	mehr als 500 MA	mehr als 100 MA	weniger als 10 MA

2 Einzelpreise der Brötchen:
1 Vollkornbrötchen Bäcker Frenzel ↦ 0,52 €
1 Tafelbrötchen Bäcker Frenzel ↦ 0,31 €
1 Sesambrötchen Bäcker Krause ↦ 0,38 €
1 Mohnbrötle Bäcker Pfrommer ↦ 0,38 €
1 Laugenstange Bäcker Melter ↦ 0,61 €
1 Vollkornbrötchen Bäcker Kusterer ↦ 0,53 €
1 Joggingweck Bäcker Kusterer ↦ 0,51 €
1 Schrippe Bäcker Piefke ↦ 0,22 €
1 Semmel Bäcker Kmetsch ↦ 0,26 €
1 Tafelbrötchen Bäcker Krümel ↦ 0,31 €
Im Durchschnitt kostet ein Brötchen ca. 0,40 €.

3 a) 24 Auszubildende besuchen die Klasse der Hotelfachschüler.

b)

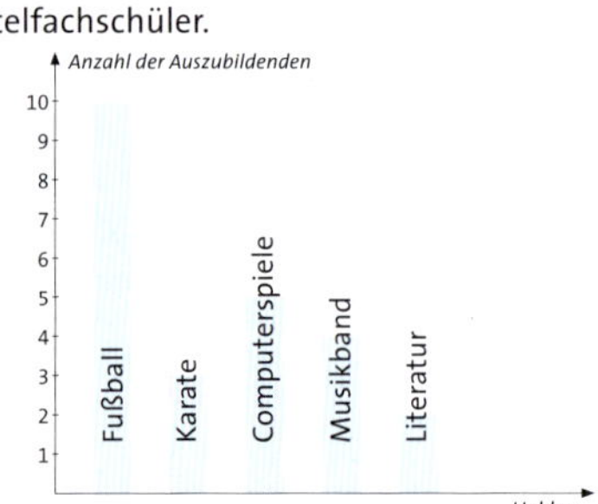

4 a)

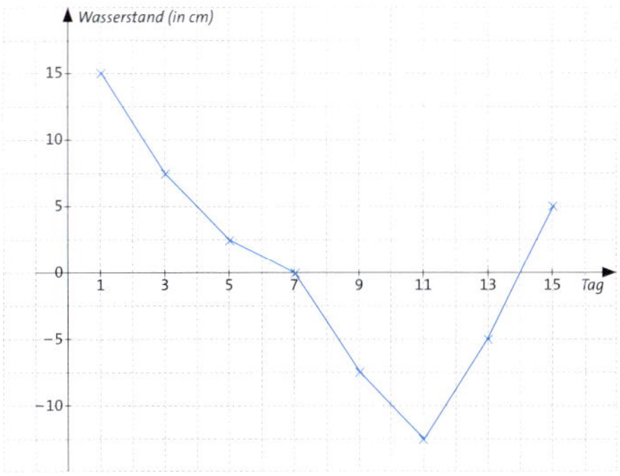

b) Zwischen dem 1. und dem 7. Tag sowie zwischen dem 14. und 15. Tag lag der Wasserstand über dem Durchschnittswert. Zwischen dem 7. Tag und dem 14. Tag lag der Wasserstand unter dem Durchschnittswert. Am 7. Tag und ungefähr am 14. Tag entsprach der Wasserstand dem Durchschnittswert. 4. Tag: ca. 5 cm über dem Durchschnittswert, 10. Tag: ca. 10 cm unter dem Durchschnittswert (–10 cm).

5 Proportionalität liegt vor bei b) und d). Nicht proportional sind die Sachverhalte von a) und c).

6 direkte Proportionalität: a) und d)
indirekte Proportionalität: b) und c)

7

Größe x	25	1	10	2
Größe y	40	1,6	16	3,2

8

Größe x	16	2	10	6,4
Größe y	4	32	6,4	10

9 a) Es liegt eine direkte Proportionalität vor.
n = y : x = 2

x	5	7	3	9	0	2
y	10	14	6	18	0	4

b) Es liegt eine indirekte Proportionalität vor.
n = y · x = 120

x	4	6	8	12	16	24
y	30	20	15	10	7,5	5

c) Es liegt eine direkte Proportionalität vor.
n = y : x = 1,25

x	0	1	2	4	8	9
y	0	1,25	2,5	5	10	11,25

Graphen von a) – c) siehe Seite 122

10 Monika muss dieses Mal 6,90 € bezahlen.

11 Lösung siehe Seite 122

12 a) 42,70 €; b) 39 l

13 a) 1464 €; b) 5550 l

14

Preis für 6500 Schrauben	715 €	910 €	1430 €	650 €
Preis für 1 Schraube	0,11 €	0,14 €	0,22 €	0,10 €
Preis für 4750 Schrauben	522,50 €	665 €	1045 €	475 €

15 Die Rechnung ergibt 10,5 Dosen, d.h., Herr Schröder muss 11 Dosen einkaufen.

16 a) Es sind 25 g mehr. b) Frau Sauer erhält 308 g. c) Er muss 3,04 € bezahlen.

17 56 Sekunden

18 a) 6,4 h; b) 80 $\frac{km}{h}$

19 Er käme 441 km weit.

20 Das Budget reicht für 36 Flaschen.

21 $y = \frac{180}{x}$

Anzahl Teilnehmer	15	1	6	10	20
Expeditionsdauer in Tagen	12	180	30	18	9

22 a)

Anzahl der Frikadellen	1	15	20	25	35
Preis in €	1,25	18,75	25	31,25	43,75

b)

Anzahl der Personen	1	15	20	25	30
Kosten pro Person in €	60	4	3	2,40	2

23 a) Tim hat nach einem Jahr 358,05 € auf dem Sparbuch, bei Leo sind es 358,75 €.
b) Er käme rund 604,478 km weit.
c) 53 Quadratmeter kosten 1245,50 €.

24 a) 4 Arbeitstage; b) in 2 Arbeitstagen; c) 8 Handwerker; d) 2176 €

25 a) ≈ 13,94 l; b) ≈ 435,48 g

26 ≈ 282,08 m

27 a) Fensterfläche: 440,50 Quadratmeter
b) Ersparnis: 6607,50 Euro

28 54 Fuhren

zu S. 121, Kapitel 4, Übung **9** und **11**

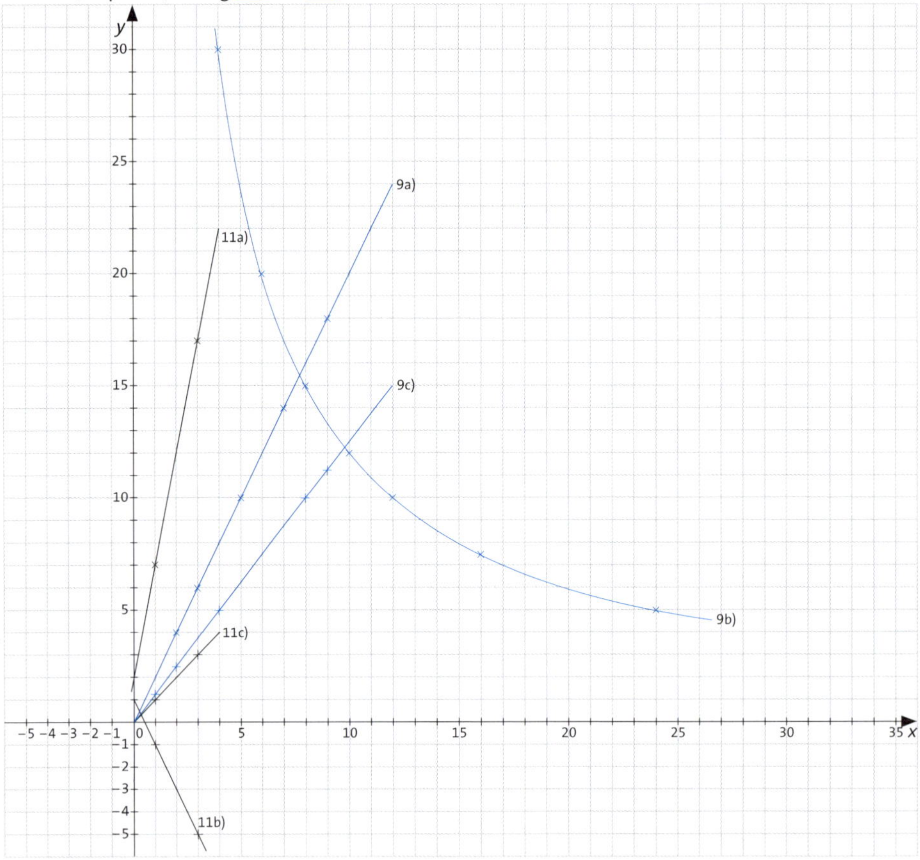

5 Prozente und Zinsen

1 18 % = $\frac{18}{100}$ = 0,18; 97 % = $\frac{97}{100}$ = 0,97; 12,5 % = $\frac{12,5}{100}$ = 0,125; $3\frac{3}{4}$ % = $\frac{3\frac{3}{4}}{100}$ = 0,375; 128 % = $\frac{128}{100}$ = 1,28; 33,3 % = $\frac{1}{3}$ = $0,3\overline{3}$

2 a) 43 %; b) $\frac{26}{100}$ = 26 %; c) $\frac{40}{100}$ = 40 %; d) $\frac{3}{4} = \frac{75}{100}$ = 75 %; e) $\frac{3}{8} = \frac{375}{1000} = \frac{37,5}{100}$ = 37,5; f) $\frac{3}{10} = \frac{30}{100}$ = 33 %

3 a) 7 % > 4 %; b) 25 % > $\frac{1}{5}$; c) $\frac{7}{5}$ > 0,75; d) $\frac{99}{100} > \frac{9}{11}$

4 a) $\frac{80}{100}$ = 80 %; b) $\frac{19}{20} = \frac{95}{100}$ = 95 %; c) $\frac{50}{250} = \frac{1}{5}$ = 20 %; d) $\frac{60}{3000} = \frac{2}{100}$ = 2 %

5 erste Spalte: $\frac{1}{10}$; $\frac{10}{100}$; 10 %; 0,1

zweite Spalte: $\frac{1}{5}$; $\frac{20}{100}$; 20 %; 0,2

dritte Spalte: $\frac{1}{4}$; $\frac{25}{100}$; 25 %; 0,25

vierte Spalte: $\frac{1}{3}$; Da im Nenner der Primfaktor 3 steht, gibt es keine Dezimalbruchdarstellung.

fünfte Spalte: $\frac{1}{2}$; $\frac{50}{100}$; 50 %; 0,5

sechste Spalte: $\frac{3}{4}$; $\frac{75}{100}$; 75 %; 0,75

6 a) $\frac{27}{100}$ = 27 %; b) $\frac{10}{20} = \frac{50}{100}$ = 50 %; c) $\frac{9}{25} = \frac{36}{100}$ = 36 %; d) $\frac{5}{8} = \frac{625}{1000} = \frac{62,5}{100}$ = 62,5 %

7 *Lösungsvorschläge:*

a) 

b) 

c) 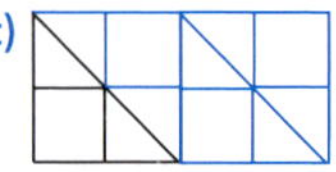

d) 

8 a)

Deutsche	Italiener	Franzosen	Türken
35 mm ≙ 35 %	30 mm ≙ 30 %	25 mm ≙ 25 %	10 mm ≙ 10 %

b)

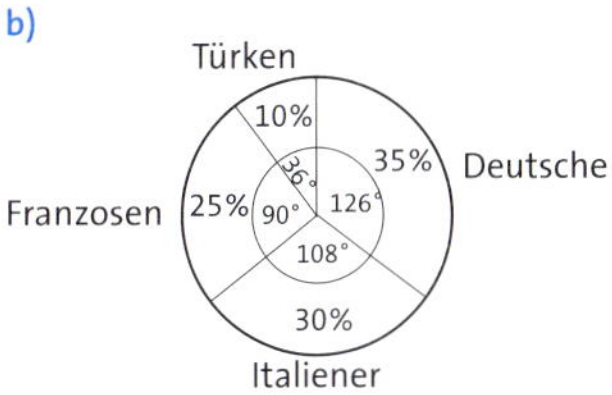

9 a) 58,20 €; b) 1048,32 kg; c) 60,16 km; d) 3589,75 €; e) 3915,64 kg; f) 548,10 €; g) 30,6 km; h) 81,51 kg; i) 5888,01 €; j) 1600,12 €

10 a) 43,40 €; b) 9 m; c) 175 kg; d) 1174 km; e) 103 €; f) 1262 €; g) 877,4 kg; h) 31,25 €; i) 2,15 €; j) 376,75 €

11 a) von oben nach unten: 421,08 €; 142,50 €; 267,50 €; 1215 €; 296 €; 131,25 kg
b) von oben nach unten: 635,5 kg; 420,66 kg; 317,34 kg
c) 1863,25 km
d) von oben nach unten: 716,38 €; 47,32 €

12 von links nach rechts: 568; 568; 232; 4562; 1648; 68,5; 235; 3688

13 a) 356 €; b) 245 €; c) 590 €; d) 56 950 €; e) 236 €; f) 2360 €; g) 569 €; h) 26 820 €; i) 755 €; j) 6669 €
Lösungswort: **Grundwerte**

14

	MwSt.-Satz	Netto-betrag	Brutto-betrag	Finanz-amt
2 Bücher	7 %	24,12 €	25,81 €	1,69 €
20 Schrauben M50 x 100	19 %	8,91 €	10,60 €	1,69 €
Schreibwaren	19 %	3,57 €	4,46 €	0,89 €
10 Briefmarken	mwst.-frei	5,50 €	5,50 €	0 €
1 Pck. Kaugummi	7 %	1,17 €	1,25 €	0,08 €
1 Computerspiel	19 %	29,41 €	35,00 €	5,59 €
10 Joghurt	7 %	4,02 €	4,30 €	0,28 €

15 von links nach rechts: 15 %; 8,5 %; 12,6 %; 115 %; 125 %; 35 %; 40 %; 250 %

16 a) 2 %; b) 115 %; c) 12 %; d) 55 %; e) 40 %; f) 250 %; g) 67 %; h) 130 %

17

G	300	**56 980**	4725	5760	3333	**245**	2 340	**6669**
W	**150**	25 641	**37,80**	1843,2	**3799,62**	600,25	842,40	11 070,54
p %	50 %	45 %	0,8 %	**32 %**	114 %	245 %	**36 %**	166 %

18 a) 47,19 €; b) 15 709,2 kg; c) 312,50 %; d) 370,45 km; e) 28 %; f) 245 €; g) 64 %; h) 1749,88 km; i) 24 %; j) 12 722,58 l

19 a) Es arbeiten 63 Frauen in der Firma.
b) 30 % der Mitarbeiter sind im Büro tätig.
c) Der Betrieb hat 175 Beschäftigte.

20 a) Er spart 30 €.
b) Er bekommt 12 € Rabatt.
c) Vorher hat die Anlage 150 € gekostet.

21 a) 24 %; b) 2800 €

22 6,5 %

23 Note 1: 6; Note 2: 14; Note 3: 29; Note 4: 17; Note 5: 10; Note 6: 4

24 40,7 %

25 707,94 €

26 3270 €

27 a) 95,40 €; b) 5200,00 €; c) 6,75 %; d) 580,00 €; e) 1,25 %; f) 680,40 €; g) 5,7 %; h) 58 000,00 €; i) 1935,50 €; j) 9,6 %; k) 598,40 €; l) 18 000,00 €

28 Auf Konstantins Konto befand sich der höhere Betrag, nämlich 720 €.

29 a) 2,00 €; b) 5,90 €; c) 3,25 €

30 a) 3,5 %; b) 24,80 €; c) ≈ 8333,33 €; d) ≈ 4,76 €

31

Jahr	Guthaben am Jahresanfang	Zinsen	Guthaben am Jahresende
2009	1000 €	30 €	1030 €
2010	1030 €	30,90 €	1060,90 €
2011	1060,90 €	31,83 €	1092,73 €
2012	1092,73 €	32,78 €	1125,51 €

32 a) $q = 1{,}04$; $K_5 \approx 5718{,}27$ €
b) $q = 1{,}052$; $K_7 \approx 17\,111{,}63$ €
c) $q = 1{,}0375$; $K_6 \approx 4427{,}48$ €

6 Funktionen

1 a) $y = 2x - 1$; b) $y = 0{,}75x + 3$; c) $y = 2x - 1$; d) $y = -\frac{1}{2}x + 4$; e) $y = \frac{2}{3}x - \frac{5}{3}$; f) $y = -0{,}6x + 1{,}8$

2 Gleichungen linearer Funktionen: b), c), e), f), g)

3 a) keine quadratische Funktion
b) $f(x) = 4x^2 - 1$; $a = 4$; $b = 0$; $c = -1$
c) keine quadratische Funktion
d) $f(x) = 3x + 7 - x^2 = -x^2 + 3x + 7$; $a = -1$; $b = 3$; $c = 7$
e) $\frac{1}{2}x^2 - x + 2$; $a = \frac{1}{2}$; $b = -1$; $c = 2$
f) keine quadratische Funktion

4 Punkt A liegt nur auf dem Graphen der Funktion $y = -\frac{4}{3}x + 3$. Punkt B liegt nur auf dem Graphen der Funktion $y = -1$.

5 a) P (3|6); b) P (1,75|–1); c) P (–16|–4)

6 $y = \frac{2}{3}x + 2 = f_4$; $y = -4x - 2 = f_1$; $y = 5x + 10 = f_3$; $y = -\frac{2}{3}x + 7 = f_2$

7 a) $m = 2$; b) $m = -\frac{1}{10}$; c) $m = \frac{1}{15}$

8 a) = b) → $x = \frac{2}{7}$; c) = d) → $x = -1,\overline{1}$

9

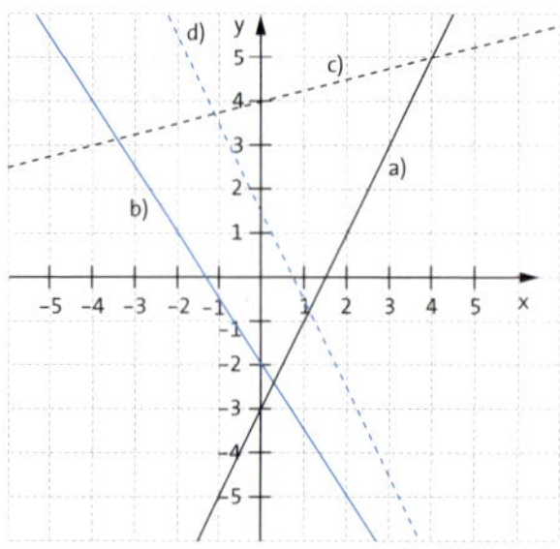

10 Schnittpunkt mit der x-Achse (y = 0): N
Schnittpunkt mit der y-Achse (x = 0): S_y

a) I) N (2 | 0); S_y (0 | 3); II) N (18 | 0); S_y (0 | –3); III) N ($-\frac{16}{3}$ | 0); S_y (0 | 4)

b)

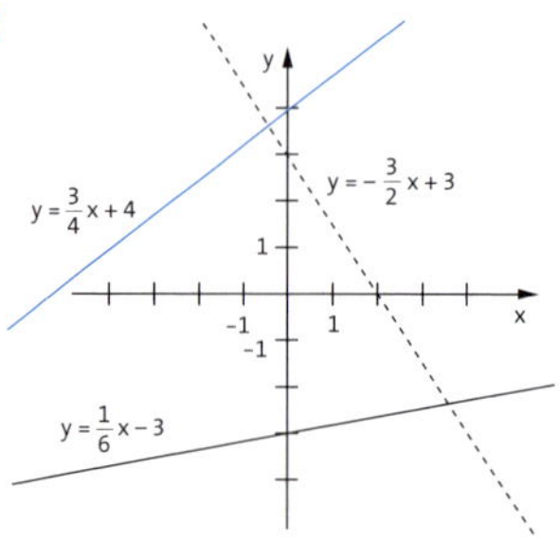

c) I) $y = -\frac{3}{2}x + 3$; II) $y = \frac{1}{6}x - 3$; III) $y = \frac{3}{4}x + 4$

11

x	-3	-2,5	-2	-1	0	1	2	2,5	3
$f_1(x)$	11	8,25	6	3	2	3	6	8,25	11
$f_2(x)$	5,5	2,75	0,5	-2,5	-3,5	-2,5	0,5	2,75	5,5

12

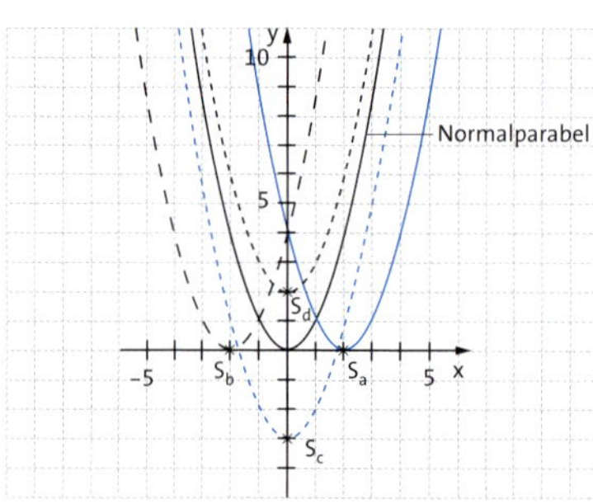

13 a) Der Graph ist nach unten geöffnet und weiter als die NP (gestaucht). b) Der Graph ist nach oben geöffnet und enger als die NP (gestreckt). c) Der Graph ist nach oben geöffnet und weiter als die NP (gestaucht). d) Der Graph ist nach unten geöffnet und enger als die NP (gestreckt). e) Der Graph ist nach oben geöffnet und weiter als die NP (gestaucht).

14 a) f(2) = 14: P_a (2 | 10) liegt nicht auf dem Graphen
b) f(3) = 31,5: P_b (3 | 31,5) liegt auf dem Graphen
c) f(2,8) = 27,44: P_c (2,8 | 27,44) liegt auf dem Graphen

15 $f_a(x) = x^2 + 1$; $f_b(x) = (x + 3)^2 - 3$;
$f_c(x) = -(x - 2)^2 + 1$; $f_d(x) = -(x - 4)^2 - 1$

16 Die Graphen der linearen Funktionen g_a bis g_d sowie der Graph der Funktion $f(x) = x^2$:

lineare Funktion	Schnittstellen mit $f(x) = x^2$		Lös. der quadr. Gleich.
a) $g_a(x) = 9$	$x_{a1} = -3$	$x_{a2} = 3$	$L_a = \{-3; 3\}$
b) $g_b(x) = 2x$	$x_{b1} = 2$	$x_{b2} = 0$	$L_b = \{0; 2\}$
c) $g_c(x) = x + 6$	$x_{c1} = -2$	$x_{c2} = 3$	$L_c = \{-2; 3\}$
d) $g_d(x) = -1,5x + 1$	$x_{d1} = -2$	$x_{d2} = 0,5$	$L_d = \{-2; 0,5\}$

7 Geometrie in der Ebene

1

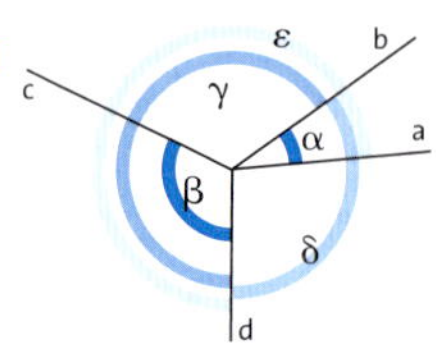

2

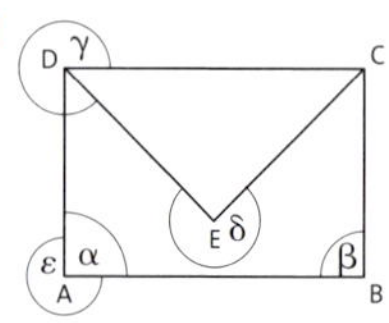

3 a)

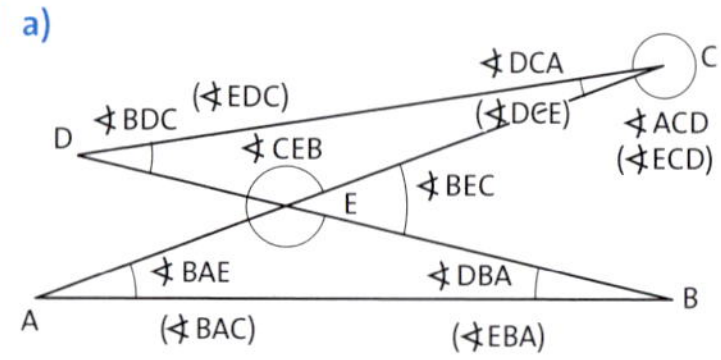

b)

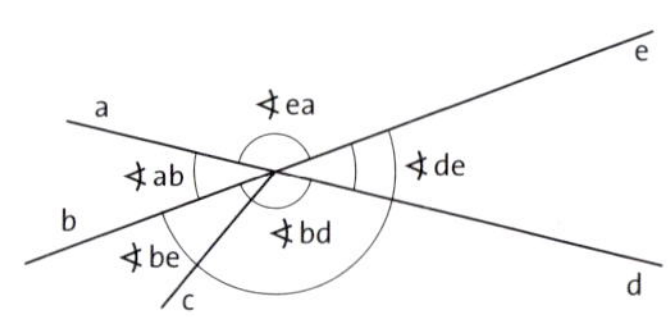

4

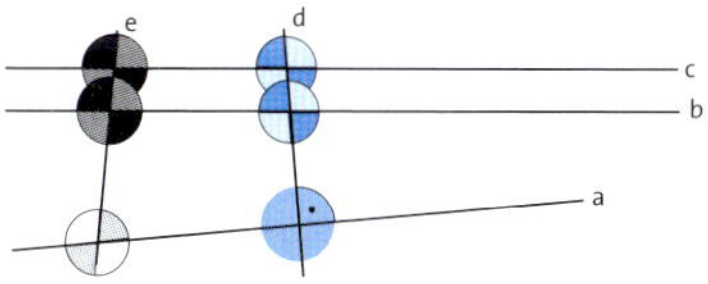

5 a) $\alpha = 34°$; $\beta = 34°$; b) $\alpha = 100°$; $\beta = 80°$; c) $\alpha = 145°$; $\beta = 35°$; d) $\alpha = 120°$; $\beta = 60°$

6 a) 120 cm^2; b) 240 dm^2; c) 21 cm^2; d) 16 dm^2; e) 4 dm^2; f) 18 km^2; g) 1 km^2

7

1. Seite	2. Seite	Flächen-inhalt	Umfang
5 m	**8 m**	40 m^2	26 m
3 cm	7 cm	**21 cm^2**	**20 cm**
7,5 mm	4 mm	**30 mm^2**	**23 mm**
6 cm	**5 cm**	30 cm^2	**22 cm**
6 cm	14 cm	**84 cm^2**	40 cm
40 cm	**40 cm**	1600 cm^2	**160 cm**
6 km	**6 km**	36 km^2	24 km

8 a) A = 28 cm^2, g = 7 cm; b) A = 15 m^2, g = 3 cm; c) A = 24 mm^2, g = 6 mm; d) A = 3 dm^2, g = 2 dm

9 a) spitzwinkliges Dreieck mit A = 12 cm^2;
b) spitzwinkliges Dreieck mit A = 3 m^2;
c) rechtwinkliges Dreieck mit A = 5 km^2;
d) stumpfwinkliges Dreieck mit A = 600 m^2 = 6 a

10 *Skizze:*

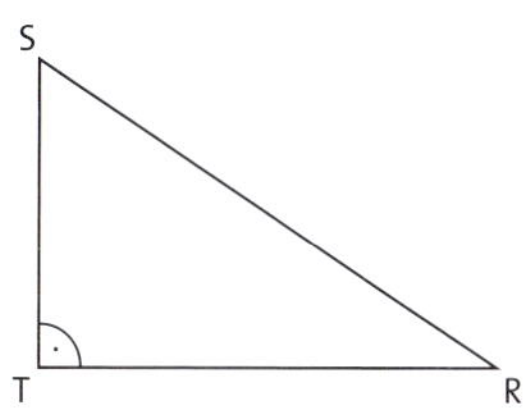

a) RS = 8,5 cm; b) TR ≈ 9,96 cm; c) RS ≈ 28 cm; d) ST ≈ 5,58 dm; e) TR ≈ 1,56 km; f) ST ≈ 23,63 m

11 a) u ≈ 50,01 cm; A ≈ 156,25 cm^2
b) A = 61,75 cm^2; d ≈ 11,51 cm

12

Grundseite	Höhe	Parallelo-gramm-fläche	Dreiecks-fläche
5 cm	6 cm	**30 cm^2**	15 cm^2
12 dm	3 dm	**36 dm^2**	**18 dm^2**
2,5 km	4 km	**10 km^2**	**5 km^2**
11 cm	**12 cm**	132 cm^2	**66 cm^2**
9 cm	6 cm	54 cm^2	**27 cm^2**
4,5 mm	**6 mm**	**27 mm^2**	13,5 mm^2

13 A = 31 cm^2

14

Radius	Durch-messer	Umfang	Flächen-inhalt	Halbkreis-fläche
12,5 cm	**25 cm**	**≈ 78,5 cm**	**≈ 491 cm^2**	**≈ 245,5 cm^2**
≈ 2,26 dm	**≈ 4,52 dm**	**≈ 14,2 dm**	16 dm^2	**8 dm^2**
≈ 0,33 km	0,65 km	**≈ 2,04 km**	**≈ 0,34 km^2**	**≈ 0,17 km^2**
≈ 10,0 mm	**≈ 20,0 mm**	62,8 mm	**≈ 314 mm^2**	**≈ 157 mm^2**
≈ 1,6 m	**≈ 3,2 m**	**≈ 10,1 m**	**≈ 7,6 m^2**	3,8 m^2

15 a) Das Blumenbeet kann 2 m breit werden.
b) Es stehen 181,33 m^2 zur Verfügung.

16 a) 7,5 cm^2; b) 3 cm^2; c) 6 cm^2; d) 4,5 cm^2

17 a) A = 56 m^2; u = 38 m; b) A = 48 dm^2; u = 36 dm; c) A = 80 m^2; u = 46 m; d) A = 26 cm^2; u = 27 cm

18 a) $A_{Quadrat} = 1\ m^2$, $A_{Kreis} = 0{,}785\ m^2$, $A_{Rest} = 1\ m^2 - 0{,}785\ m^2 = 0{,}215\ m^2$; b) und c): Es bleibt jeweils dieselbe Stoffmenge wie bei a) übrig.

19 a) 300 cm · 250 cm = 75 000 cm^2
2 · 9 · 75 000 cm^2 = 1 350 000 cm^2 = 135 m^2
135 : 6 = 22,5 → Der Einkauf muss 23 Dosen Farbe bestellen.
b) 2 · 250 cm + 2 · 300 cm = 1100 cm
9 · 1100 cm = 9900 cm = 99 m → Es werden insgesamt 99 m Holzleisten benötigt.

20 Es müssen 77 ha Wald gerodet werden. Um eine ebenso lange Bahnstrecke zu bauen, müssen 30,8 ha Wald gerodet werden.
77 ha : 30,8 ha = 2,5 → Für die Autobahnstrecke wird 2,5-mal so viel Platz benötigt wie für die Bahnstrecke.

21 a) $A_{gesamt} = 9\ m^2 - 3{,}53\ m^2 = 5{,}47\ m^2$;
b) $A_{gesamt} = 9\ m^2 - 4 \cdot 0{,}785\ m^2 - 0{,}215\ m^2 = 5{,}645\ m^2$;
c) $A_{gesamt} = 3{,}927\ m^2 + 0{,}785\ m^2 = 4{,}71\ m^2$

22 A ≈ 0,15 m^2

23 a) A ≈ 5,14 m^2; b) 12 Personen können bequem am Tisch sitzen.

8 Geometrie im Raum

1 a) V = 432 cm^3; A_O = 384 cm^2
b) V = 27 m^3; A_O = 54 m^2
c) V = 1200 cm^3; A_O = 940 cm^2
d) V = 9000 mm^3 = 9 cm^3; A_O = 3060 mm^2 = 30,6 cm^2
e) V = 1350 cm^3 = 1,35 dm^3; A_O = 1590 cm^2 = 15,9 dm^2
f) V = 20 584 000 cm^3 = 20,584 m^3; A_O = 493 450 cm^2 = 49,345 m^2

2 a) h = 5 cm; A_O = 280 cm^2

b) $h = 10\ dm$; $A_O = 340\ dm^2$
c) $h = 10\ 000\ dm$; $A_O = 2\ 501\ 200\ dm^2$
d) $h = 3\ m$; $A_O = 24\ 018\ m^2$

3 a) $600\ cm^3$; b) $21\ m^3$; c) $512\ dm^3$; d) $350\ cm^3$

4 a) $V = 72\ cm^3$; $A_O = 108\ cm^2$
b) Abb. nicht maßstabsgerecht

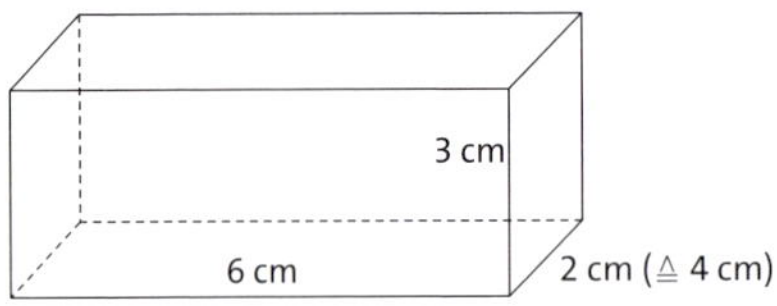

5 Netz c) ergibt keinen Würfel.

6 a) Abb. nicht maßstabsgerecht

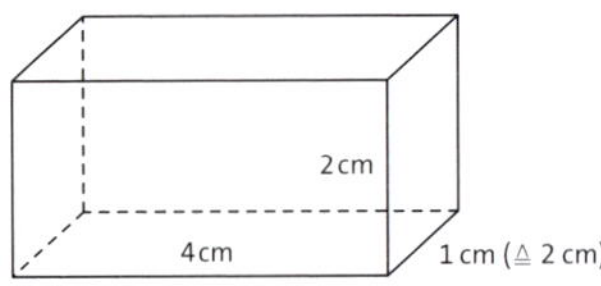

$V = 16\ cm^3$; $A_O = 40\ cm^2$
b) Abb. nicht maßstabsgerecht

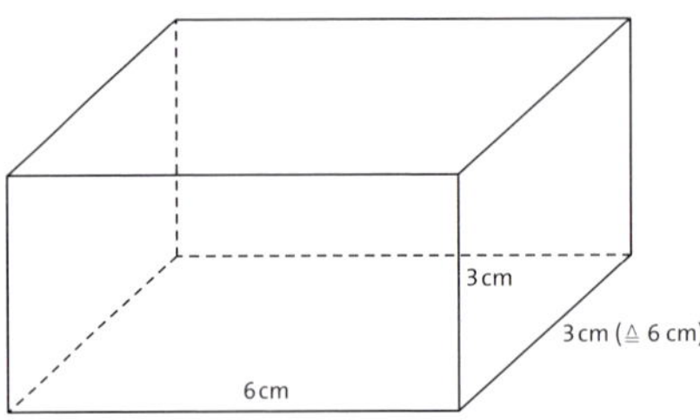

$V = 108\ cm^3$; $A_O = 144\ cm^2$

7 a) $V = A_G \cdot h = (2 \cdot 2) \cdot 3\ cm^3 = 12\ cm^3$
b) $V = A_G \cdot h = \left(\frac{3 \cdot 4}{2}\right) \cdot 8\ dm^3 = 48\ dm^3$
c) $V = A_G \cdot h = \left(\frac{3+5}{2} \cdot 2\right) \cdot 9\ cm^3 = 72\ cm^3$

8 a) $V = \pi \cdot 5^2 \cdot 15\ cm^3 \approx 1178{,}1\ cm^3$
b) $A_O = 2 \cdot (\pi \cdot 5^2)\ cm^2 + 2 \cdot \pi \cdot 5 \cdot 15\ cm^2 \approx 628\ cm^2$
→ Zur Herstellung der Dose wurden etwa $628\ cm^2$ Blech verwendet.

9

r	5 cm	**3,52 cm**	**7,5 cm**	3,5 dm
h	10 cm	3,6 cm	**5 cm**	**5,6 dm**
A_G	78,5 cm²	**39 cm²**	**176,7 cm²**	38,5 dm²
A_M	**314 cm²**	**79,6 cm²**	**235,6 cm²**	**123,2 dm²**
A_O	**471 cm²**	**157,6 cm²**	**589 cm²**	**200,2 dm²**
V	**785 cm³**	**140,4 cm³**	883,5 cm³	215,51 dm³

10 $A \approx 14{,}9\ m^2$ → Die Anschlagfläche ist ca. $15\ m^2$ groß.

11 $V_{außen} = \pi \cdot r_1^2 \cdot h = \pi \cdot 64 \cdot 3 \approx 602{,}88\ cm^3$;
$V_{innen} = \pi \cdot r_2^2 \cdot h = \pi \cdot 25 \cdot 3 \approx 235{,}5\ cm^3$;
$V_{gesamt} = V_{außen} - V_{innen} = 367{,}38\ cm^3$;
$V_H = \pi\ (r_2^2 - r_1^2) \cdot h$

12 a) + b) $\pi \cdot 25^2 \cdot h = 40\ 000\ cm^3$, $h \approx 20{,}38\ cm$. Das Wasser steht 20,37 cm hoch im Behälter, das entspricht einem Anteil von 20,37 %.

13 $V = 96\ cm^3$

14 a) $V_2 = \frac{1}{3}a^2 \cdot 2h$; $V_2 = 2V_1$ → Wird die Höhe bei gleichbleibender Grundfläche verdoppelt, verdoppelt sich das Volumen.
b) $V_2 = \frac{1}{3}(2a)^2 \cdot h$; $V_2 = 4V_1$ → Bei Verdoppelung der Kantenlänge vervierfacht sich das Volumen.

15 a) $V \approx 49{,}3\ cm^3$; $A_O \approx 88{,}7\ cm^2$;
b) $V \approx 120\ cm^3$; $A_O \approx 161{,}3\ cm^2$; c) $V \approx 31\ 891\ cm^3$; $A_O \approx 6825\ cm^2$

16 a) $V = 107{,}51\ cm^3$; b) $V \approx 41{,}33\ cm^3$;
c) $V \approx 51{,}4\ cm^3$

17 a) $d = 8\ cm$, $A_O \approx 125{,}7\ cm^2$; b) $d = 4\ dm$, $A_O \approx 21{,}99\ cm^2$; c) $r = 13\ cm$, $A_O \approx 1061{,}86\ cm^2$

18 a) $V_{Stumpf} = V_{Pyramide} - V_{Spitze} = 9500\ cm^3$
b) $V_{Stumpf} \approx 12\ 664{,}6\ cm^3$

19 a) $V \approx 4{,}19\ cm^3$; $A_O \approx 12{,}56\ cm^2$; b) $r = 2\ cm$; $V \approx 33{,}51\ cm^3$; $A_O \approx 50{,}27\ cm^2$; c) $V \approx 7{,}23\ m^3$; $A_O \approx 18{,}09\ m^2$; d) $V \approx 24\ 416{,}6\ mm^3 \approx 24{,}42\ cm^3$; $A_o \approx 4069{,}44\ mm^2 \approx 40{,}69\ cm^2$

20 Die Formel $V = \frac{4}{3} \cdot \pi \cdot r^3$ nach r aufgelöst ergibt: $r = \sqrt[3]{\frac{3}{4} \cdot \frac{1}{\pi} \cdot V}$; $r \approx 3{,}7\ cm$

21 Die Formel $A_O = 4 \cdot \pi \cdot r^2$ nach r aufgelöst ergibt: $r = \sqrt{\frac{A_O}{4 \cdot \pi}}$; $r \approx 7{,}9\ cm$ →
$V = \frac{4}{3} \cdot \pi \cdot r^3 \approx 2065{,}24\ cm^3$

22 a) Wenn der Radius einer Kugel verdoppelt wird, verachtfacht sich das Volumen.
b) Um das Volumen zu verdoppeln, muss der Radius mit dem Faktor $\sqrt[3]{2} \approx 1{,}26$ multipliziert werden.

23 Erdoberfläche: $A_O = (162\ 307\ 600 \cdot \pi)\ km^2$
71 % entsprechen etwa $(115\ 238\ 396 \cdot \pi)\ km^2$
29 % entsprechen etwa $(47\ 069\ 204 \cdot \pi)\ km^2$
Die Fläche der Landmasse der Erde beträgt ungefähr $147\ 872\ 265{,}5\ km^2$.

24 a) Gesamtvolumen: $11\ dm^3$
b) Gesamtvolumen: $14\ m^3$
c) Gesamtvolumen: $96\ cm^3$

25 a) $V = 35\ 000\ mm^3 = 35\ cm^3$;
b) $V \approx 844\ cm^3$; c) $V \approx 2{,}222\ dm^3$

26 Beetfläche: $30\ dm \cdot 26\ dm + 35\ dm \cdot 41\ dm = 2215\ dm^2 = 221\ 500\ cm^2$; Volumen Erde: $221\ 500\ cm^2 \cdot 8\ cm = 1\ 772\ 000\ cm^3 = 1772\ l$

1772 : 80 = 22,15 → Man muss 23 Säcke Erde kaufen.

27 $d \approx 7{,}64$ m; $r \approx 3{,}82$ m; $V \approx 38{,}2\ m^3$; $m = \rho \cdot V$; $m \approx$ 70 670 kg ≈ 70,7 t → 70,7 t : 4 t = 17,675
Der Lkw muss 18-mal fahren.

28 1 Wassertropfen hat das Volumen $V = \frac{4}{3} \cdot \pi \cdot r^3 \approx 4{,}19\ mm^3$.
Wassermenge pro Jahr: 4,19 · 6 · 60 · 24 · 365
≈ 13 213 600 mm^3 ≈ 13 213,6 cm^3 ≈ 13,21 dm^3
= 13,21 l → In einem Jahr werden durch diesen Wasserhahn 13,21 l verschwendet.

Abschlusstest

1 a) $\frac{1}{3}$; b) $10\frac{1}{2}$; c) 7; d) $6\frac{1}{2}$; e) $5\frac{2}{3}$; f) 14

2 a) $2\frac{1}{3} = 2{,}\overline{3}$; b) $3\frac{5}{6} = 3{,}8\overline{3}$; c) $3\frac{2}{3} = 3{,}\overline{6}$;
d) $2\frac{3}{4} = 2{,}75$

3 a) $\frac{6}{4} = \frac{3}{2}$; b) $\frac{17}{36}$; c) $\frac{13}{54}$; d) $3\frac{5}{8}$; e) $5\frac{17}{35}$; f) $7\frac{1}{30}$; g) $1\frac{1}{15}$; h) $\frac{1}{3}$; i) 1; j) $1\frac{4}{21}$; k) −3; l) 0; m) $-\frac{1}{7}$; n) $-\frac{4}{5}$;
o) −3; p) $-\frac{2}{3}$

4 a) 30,5 kg; b) 6,8 g; c) 13,65 km^2; d) 7,20 €;
e) 117 min; f) 3 min; g) 1,1 t; h) 7,5 g; i) 346,76 €;
j) 1 035 dm^2; k) 59,24 €; l) 111,987 dm^3

5 a) Die Uhr muss insgesamt 12 Stunden „nachgehen", um wieder einmal die richtige Zeit anzuzeigen: 12 Stunden = 720 Minuten = 43 200 Sekunden.
Da sie pro Tag 2 Sekunden nachgeht, muss sie 21 600 Tage lang nachgehen, denn 43 200 : 2 = 21 600.
Nach 21 600 Tagen geht die Uhr wieder richtig.
b) 2,96 €
c) 11,2 a, Kaufpreis: 282 000 €

6 a) L = {9}; b) L = {−35}; c) L = {8}; d) L = {3};
e) L = {2}; f) L = {1}

7 a) Gleichung: u = 14 s → Wenn s = 10 cm, dann u = 140 cm; wenn s = 20 cm, dann u = 280 cm; wenn s = 14 cm, dann u = 196 cm.
b) Gleichung: u = 20s → Wenn s = 10 cm, dann u = 200 cm; wenn s = 20 cm, dann u = 400 cm; wenn s = 14, dann u = 280 cm.

8 a) Er muss 10 ct pro Ei verlangen.
b) Er muss 12 ct pro Ei verlangen.
c) Er muss 14 ct (genau genommen 13,1 ct) pro Ei verlangen.

9 a) 36,45 €; b) 10,11 €; c) 370 g hätten 2,96 € gekostet. Es waren also mehr als 20 g mehr.

10 a) Sie treffen sich nach 50 Minuten.
b) Manfred muss 6 km bis zum Treffpunkt fahren.
c) Hubert muss 10 km bis zum Treffpunkt fahren.
d) Hubert braucht 80 Minuten bis Schönborn.
e) Manfred braucht ca. 133 Minuten bis Wintershausen.

11 a) 576 Seiten; b) 32 Zeilen pro Seite

12 a) 562 Fliesen entsprechen 100 %, daraus folgt: 108 % entsprechen 606,96 Fliesen. Ein Fliesenleger benötigt für dieses Bad insgesamt ca. 607 Fliesen.
b) 80 % entsprechen 23 600 €. Daraus folgt: 100 % entsprechen 29 500 €. Der Preis des Neuwagens betrug vor der Senkung 29 500 €.
c) $Z = \frac{K \cdot p}{100} = \frac{8000 \cdot 6{,}9}{100} = 552$ €
Die Firma muss jährlich 552 € Zinsen bezahlen.
d) Bank A: 1500 € Jahreszins, 125 € Monatszins,
Bank B: 1900,08 € Jahreszins, Zinssatz: 9,5 %
Das Angebot der Bank A ist günstiger.
e) Jahreszins: 147 €; Zinsen für 165 Tage: 67,38 €
f) Zinsen nach 5 Monaten: 750 €, gesamte Rückzahlung: 15 750 €. Zinsen nach 5 Jahren: 11 435,10 €, gesamte Rückzahlung: 26 435,10 €

13

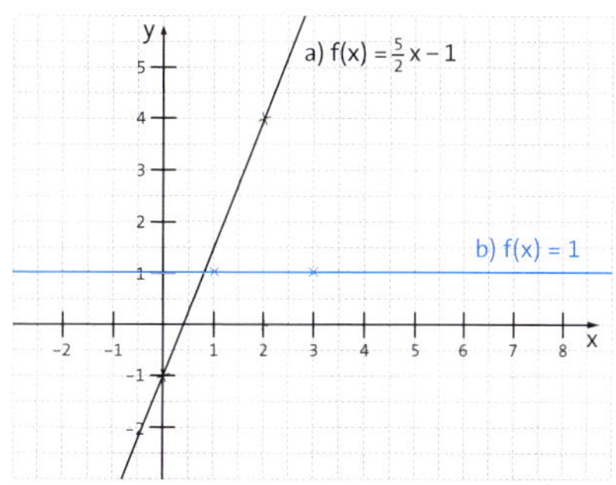

14 $h^2 = l^2 - (\frac{b}{2})^2$; $h \approx 2{,}70$ m
Die Leiter hat nach dem Aufklappen eine Höhe von 2,70 m.

15 a) Die lange Seite des Grundstückes ist 256,7 m lang. b) Sie muss 615,7 m Zaun kaufen.
c) Mit 19 % Mehrwertsteuer kostet der Zaun 13 554,64 €.

16 $V = 46\ m^3$

17 Man benötigt 3 Lackdosen.

Register